写给吃货的
分子美食学

云无心 著

U0189381

中国科学技术出版社
· 北 京 ·

图书在版编目（CIP）数据

写给吃货的分子美食学 / 云无心著. -- 北京 ：中
国科学技术出版社，2024. 9. -- ISBN 978-7-5236-0932-3

Ⅰ. TS972.11

中国国家版本馆CIP数据核字第2024AZ9228号

策划编辑	鞠　强
责任编辑	关东东　鞠　强
封面设计	金彩恒通
图文设计	金彩恒通
责任校对	焦　宁
责任印制	马宇晨

出　　版	中国科学技术出版社
发　　行	中国科学技术出版社有限公司
地　　址	北京市海淀区中关村南大街16号
邮　　编	100081
发行电话	010-62173865
传　　真	010-62173081
网　　址	http://www.cspbooks.com.cn

开　　本	880mm×1230mm　1/32
字　　数	135千字
印　　张	8.5
版　　次	2024年9月第1版
印　　次	2024年9月第1次印刷
印　　刷	河北鑫兆源印刷有限公司

书　　号	ISBN 9-787-5236-0932-3/TS・116
定　　价	68.00元

（凡购买本社图书，如有缺页、倒页、脱页者，本社销售中心负责调换）

让分子美食学走入中餐的世界

世界各地都有历史悠久的传统美食，相应地也有许多"烹饪秘笈"。很多时候，人们对这些秘笈津津乐道，却不知道为什么会有这样的说法，也不清楚它们到底是不是真的 —— 即便是优秀的厨师，也经常说是学的时候"师傅教的"。

牛津大学有一位爱好烹饪的物理学教授尼古拉斯·柯蒂，曾经说过"我想，当我们可以测量金星大气层温度的时候，却不知道蛋奶酥里面是怎么回事，是一件很可悲的事情"。而另一个爱好烹饪的法国人埃尔维·蒂斯，也对这些烹饪中的诀窍充满了兴趣。他从20世纪80年代初开始收集被他称为"厨艺秘笈"的这类传说，至少收集了数万条。而他更感兴趣的是用科学的方法来研究这些"秘笈"的真实性以及背后的科学原理。

1988年，柯蒂和蒂斯共同提出了一个新的学科——"分子与物理美食学"。后来，蒂斯把它简化成"分子美食学"。

现在，当人们听到"分子美食"，想到的是"分子料理餐厅"里各种价格高昂、稀奇古怪，甚至像艺术品一样的食物。蒂斯对此有些愤怒，他不止一次强调：分子美食学不是厨艺，也不是艺术，它就是科学，而且只是科学。"分子美食学"和物理、化学一样是纯粹的科学，是食品科学的一部分。分子美食学与食品科学其他领域的不同点在于其他的食品科学主要面向工业生产的食品，而分子美食学的对象则主要是家庭和餐馆的厨房。

在蒂斯看来，"分子美食学"跟其他科学一样创造的是知识，而不创造美食。不过，应用"分子美食学"发现的知识，我们可以改进或者创造美食，从而提高创造美食的烹饪技能。

蒂斯的博士论文就是关于分子美食学的，在论文中他列出了"分子美食学"的五个目标：一是收集和研究关于烹饪的传说；二是建立现存菜谱的机理模型，阐明烹饪过程中的变化；三是在烹饪中引入新工具、新材料和新方法；四是应用前三个目标得到的知识开发新菜式；五是增加人们对科学的兴趣。

实际上，上面的第三、四两个目标是技术的应用，而第五个目标则属于教育范畴，这跟蒂斯坚持的"分子美食学是纯粹的科学"在逻辑上并不一致。后来，他自己说，很奇怪他的博士答辩委员会——其中包括两位诺贝尔奖得主——竟然没有人对此提出质疑。意识到这个逻辑上的"不自洽"之后，他去掉了后面三个目标，只保留了前两条作为分子美食学的目标。不过他又发现，烹饪的最终目标是为了取悦顾客——而"艺术性"和"爱"是实现这一最终目标不可或缺的因素。于是，除了用科学来阐明烹饪中的物理、化学变化，还要探索其中"艺术"和"爱"的因素。

关于分子美食学的研究，有两个典型的例子：

一个是关于蛋黄酱。蛋黄酱是西方很常见的一种食物，做蛋黄酱的"秘笈"也就有很多。比如有一条是"妇女在月经期间做不成蛋黄酱"，在法国流传甚广。分子美食学的研究方式是实验，而实验的结果证实这条"秘笈"确实没有道理。还有一条是"月圆之夜做不成蛋黄酱"。第一次月圆之夜做蛋黄酱的实验，确实失败了，但科学实验需要的是重复，在紧接着的下一次实验中，就成功了。推翻一个"不能"的说法只需要一个反例，所以这一次成功就足以推翻这个说法。做蛋黄酱还有个说法是"要等蛋黄和油达到相同的温度，制作才能成功"。蛋黄酱的制作要把蛋黄和油进行混合、乳化，要求两种成分温度相同看起来很有道理，许多人也深信不疑。但经过实验发现：不管是室温鸡蛋加低温油，还是低温鸡蛋加室温油，都不影响蛋黄酱的制作 —— 而从物理和化学的基础知识出发，蛋黄酱的制作是油被蛋黄中的磷脂等成分乳化的过程，温度对这个过程几乎没有影响。

另一个例子是"烤乳猪出炉之后立刻砍掉头，会让猪皮更脆"。这个说法看起来有些"玄学"，但对比实验却证实它是真的。蒂斯对烤乳猪的物理过程进行分析，发现在烤的过程中存在两个水的迁移过程：一是猪皮中的水在蒸发，二是猪内部的水又会向猪皮转移。因为蒸发的速度超过了内部转移过来的速度，所以猪皮会逐渐变脆。出炉之后，表面的蒸发速度大大降低，而内部的水仍然源源不断地转移过来，所以皮中的水分会增加，从而导致猪皮变软。如果出炉之后立刻切掉猪头，内部的水汽就从切口跑掉，从而保持了猪皮的"脆"。

中国地大物博，各地的地理、气候、物产、人文复杂多样，在悠久的历史中形成了丰富多彩的传统美食。相应地，各种"烹饪秘笈"也浩如烟海。毫无疑问，这些"秘笈"就像蒂斯收集的那些一样，其中有科学合理的，有以讹传讹的，也有无关紧要仅仅只是习惯的。验证它们的真假，探索其中的科学机理，不仅帮助我们"知道里面是怎么回事"，也有助于厨师们提高技能，让美食的制作更加简捷方便，并且改进开发出更多美味的食品来。

这本书只是一个"起子"，衷心希望这一块"砖"，促进更多的厨艺爱好者与专业食品研究人员把分子美食学的理念应用到传统中餐中，引出更多的"玉"来。

目录

第二章

风物之旅吃喝路

第三章

食物"好吃"的秘密

第一章

风味人间
的背后

$C_{18}H_{27}NO_3$

$C_6H_{12}O_6$

"闻着臭，吃着香"
是怎么形成的

有的食物实在"太有味道"，很多人可能会避而远之。中国有霉苋菜梗和炸臭豆腐，外国有鲱鱼罐头和臭奶酪，可见嗜臭并不是中国人的专利，在遥远的北欧，也能找到"臭名远扬"的知音。

世界上以"臭"或者"恶心"闻名的食物当然远不止这几种。在瑞典马尔默，有人搞了一个"恶心食物博物馆"，展出了世界各地大约80种"令人作呕"的食物，臭豆腐和鲱鱼罐头就是其中最知名的两种。

对于"嗜臭"的饮食习惯，人们经常用"闻着臭，吃着香"来形容。

这并不是一种无奈的自我安慰，而是有着客观的生理学基础。

品尝食物是一个综合的体验过程，而不仅仅是"尝味道"。首先，饮食传统与习惯会在人们的心目中形成一个"固有的形象"，比如西南地区的人认为折耳根是美味的，而对于只听说过并没有尝试过的北方人，折耳根就只是一种"味道奇特的食物"。这种截然相反的心理基础，对于感知到的风味会有很大的影响。比如对于纪录片《风味人间》中的挪威人希芙，发酵鲱鱼的味道就是他对家乡的记忆；对于漂泊的西南人，折耳根的味道也有同样的意义。

其次，当食物摆在我们面前，视觉效果也会对风味体验起到显著的作用。以前曾经有过一个实验，同样口味的布丁用不同的色素着色，品尝者给出的评价会相差很大。比如同是草莓风味，粉红色的就要比其他颜色的得分更高。在高级餐厅中，摆盘与色调是至关重要的一部分，原因也在于此。在中国传统的美食体验中，这就是"形"和"色"。

心中固有的形象加上食物的视觉体验，会大大影响人们对食物的期望和感受到的风味。比如中国人看到发霉的奶酪和拉出黏丝的鱼，就很难有勇气去尝试；而外国人看到脑花和皮蛋，基本上也不愿意去体验。

当更近距离接触食物的时候，食物中的挥发性有机物从鼻孔进入鼻腔，与那里的嗅觉受体结合，产生神经信号传到大脑，就解析出"气味"。这几种"臭"的食物都是通过发酵制作的。苋菜梗中有许多含硫化合物，而豆腐、奶酪和鱼中都含有大量蛋白质，其中有许多含硫氨基酸。经过发酵，这些硫转化成了刺激性的气体——初中化学没忘光的人或许还记得"臭鸡蛋味"的硫化氢，其来源是鸡蛋白中的含硫氨基酸。

对于"外人"来说，心理上固有的负面印象、毫不吸引人的"形"与"色"，以及先声夺人的臭味，足以让大多数人望而却步。这大抵就是这些"名闻天下"的食物，在"地理标志地区"之外难以被接受的原因。

不过，如果因为其他的原因——比如对"家乡标签"的认同，或者是"尝试新食物"的勇气，使得一个人跨越了之前的不快而把这些食物放进嘴里，那么与之前不同的体验就产生了。

这些食物，尤其是鱼、豆腐、奶酪等富含蛋白质的食物，发酵过程中蛋白质被酶解，会释放出许多谷氨酸和有风味的小肽。释放出来的谷氨酸就是味精，加上其他的有风味的氨基酸和小肽，都是

"鲜味"物质。而"鲜"的体验，只有食物到了舌头上才能够发生。

同时，在我们咀嚼食物的时候，食物中的其他挥发性分子会从口腔进入鼻腔，然后被嗅觉受体感受到。这种现象被称为"后置嗅觉"或者"鼻后嗅觉"。同一种食物，通过鼻后嗅觉"闻到"的气味，与通过鼻孔进入的分子产生的气味，可能是完全不同的。有兴趣的人，不妨试试同一种食物"只用鼻子闻""堵住鼻孔吃""捏住鼻子吃"和"正常吃"时感知到的风味，就会有深刻的理解。

简而言之，闻只是鼻前嗅觉的体验，它可能是臭的；而吃的时候，舌头感知到的"鲜"和鼻后嗅觉感知到"非臭味"，要远比闻到的臭味更加强烈。三者的组合传到大脑，我们感受到的就不再是臭，而是香了。

豆腐的四种点法

显微摄影记录的豆腐形成的分子机理情况如下：大豆磨浆过滤，加入凝固剂，蛋白质分子交联形成网络结构，把水分子网罗其中而形成凝胶。这样的凝胶含水量较高，被称为"豆花"或者"豆腐脑"。把它们用模具或者用布包起来，通过挤压或者依靠重力流失相当一部分的水，成为有弹性的固体，才是中国的豆腐。

不同的豆腐制作工艺，区别就在于凝固剂的种类和用量。

传统上，北豆腐使用卤水来点，也被称为卤水豆腐。卤水中的阳离子主要是钙和镁，而阴离子主要是氯离子和硫酸根。钙和镁都能使蛋白质分子之间形成较为牢固的链接，而且它们的溶解度较高，可以让网络的节点更为密集，形成的豆腐就更硬、更粗糙，因而也被称为"硬豆腐"。

南豆腐又被称为"石膏豆腐"，是用石膏作为凝固剂。石膏是硫酸钙，在水中的溶解度不高，形成的网络节点相对于北豆腐要稀疏一些，得到的豆腐也就更为细嫩。

市场上还有一大类"内酯豆腐"，用葡萄糖酸内酯作为凝固剂。葡萄糖酸内酯缓慢地水解，释放出葡萄糖酸而导致豆浆凝固。它的优势在于可以把所有的豆浆都凝成固体，因而含水量非常高，极为软嫩。因为凝固速度慢，葡萄糖酸内酯与豆浆混合之后，还有足够的时间装盒、密封，然后再等待凝固。对于现代工业中的流水线生产，这就要比卤水和石膏更为方便。

日本的绢豆腐特点就是极为软嫩。跟中国的豆腐相比，它没有凝固之后脱水成形的操作，而是直接在盒中成形。对于这样的操作来说，使用葡萄糖酸内酯非常方便。但也有坚持用盐卤作为凝固剂的传统做法的制作者。用盐卤把豆浆凝固成软嫩光滑的绢豆腐，需要对凝固剂的使用控制极为精细 —— 过少，不能凝固；过多，则会变硬；不均匀，豆腐软硬不一。

中国北方的豆腐脑可以看作更为细嫩的绢豆腐。跟绢豆腐相比，它含水量更高，嫩到无法独立成形，所需要的凝固剂就更少。

卤水、石膏和葡萄糖酸内酯，是最常见的凝固剂。当然，随着对豆腐形成机理的了解和制作工艺的精细化，也出现了一些介于它们之间的"混搭"。

在中国的一些地区，还有不用这几种凝固剂的"酸浆豆腐"。所谓酸浆，是豆浆凝固之后析出的水经过发酵而制成的。在西南地区，豆浆凝固之后析出的水称为"豆窖水"，其中有一些蛋白和多糖，类似于奶酪制作中的"乳清液"。经过发酵，"豆窖水"的 pH 值显著下降，就成为"酸浆"。在 pH 值为 4—5 时，大豆蛋白的溶解性很低，所以酸浆能让它们凝固析出。这个过程跟钙、镁离子形成的交联不同，形成的固体不像石膏豆腐和卤水豆腐那样有弹性，但没有钙、镁离子带来的味道。

关于鱼生的提醒

鱼生又称生鱼片，是广东顺德的特色美食之一，做法是将生鱼片成片，搭配油、盐、酱油等调料及各种配料小菜，拌匀之后直接吃掉。虽然这是顺德人传统的饮食方式，但现代流行病学统计数字告诉我们，吃鱼生是有一定风险的 —— 顺德是中国寄生虫感染发生率最高的地区之一，这跟吃鱼生的习惯不无关系。

对追求食材本味的顺德人来说，生吃更是引以为傲的进食方式。中国人吃鱼生的历史至少有一千多年，如今它更像一个历史标本留存于顺德。总有人贪恋固有的风味，热衷于保留这道中国饮食的"活化石"。

"生吃"是为了"追求食物本味"，而"贪恋固有的风味"的言下之意是有一定的风险。至于"更像一个历史标本"，差不多是说这种食用方式并不符合注重食品安全的历史潮流。

虽然人们吃鱼生吃了一千多年，但并不意味着这就是安全健康的 —— 吃鱼生，风险真的很大。

有多种寄生虫以淡水鱼作为中间宿主，可感染人类，并引发疾病。比如肝吸虫（学名华支睾吸虫），是我国感染率最高的寄生虫之一。

肝吸虫的幼虫寄生在淡水鱼虾体内，被人吃进肚子以后，在肠道内孵化并爬进胆管，然后在那里寄居。在人体中，肝吸虫可以长期存活，最长可达二三十年。在感染者中，约有三分之一的人没有明显的症状。在感染早期，症状只是发热、头痛、食欲减退和消化不良等，并不容易意识到是寄生虫惹的祸。即便是到了感染中期，出现肝区痛、黄疸、肝肿大、胆囊炎、胆结石等症状，也未必会被人们归因于寄生虫。甚至到了晚期，出现肝硬化、腹水、肝管炎及肝癌等症状，人们也不见得能认识到寄生虫是罪魁祸首。或许，这也是感染率虽高，但人们还是会认为"吃了几百上千年也没有事情""某某人吃了一辈子鱼生，活到 ×× 岁"的原因。

肝吸虫并不在人与人之间传染，感染原因几乎就是饮食习惯，而鱼生是最大的感染原因。吃鱼生时所用的白酒、芥末、蒜、酱油、醋等，都不足以杀死肝吸虫及其他寄生虫。传统的顺德鱼生只用盐和植物油，对寄生虫更是无能为力。

在广东和广西等鱼生盛行的地区，肝吸虫的感染率显著高于全国其他地区。比如广州，肝吸虫的感染率达10%。在顺德，2002年曾经进行过一次寄生虫的感染状况普查。调查是由顺德区疾控中心进行的，从顺德区下属的10个镇中随机选取3个镇，每个镇又随机选取1个村，对所有常住人口进行肠道寄生虫卵的检查。这里的"常住人口"是指居住时间1年以上的人。

结果很惊人。在被检查的1561人中，被寄生虫感染的人数是880人，感染率高达56.37%。其中肝吸虫感染率最高，达50.74%，其他的钩虫、鞭虫和蛔虫的感染率也分别有几个百分点。

根据顺德区疾控中心的分析，生产方式、生活习惯、卫生条件等，都是寄生虫感染的因素。饮食，作为"生活习惯"中最重要的组成部分，自然是感染主因。考虑到肝吸虫的感染路径，可以合理判断：顺德人超高的寄生虫感染率尤其是肝吸虫感染率，与爱吃鱼生的饮食习惯密切相关。

回到《风味人间》，再去回味其中的解说，不知道大家有没有别样的理解 ——"引以为傲"只是因为充满了风险，就像古人"拼死吃河豚一样"。在安全健康与传统美味之间如何选择，《风味人间》没有给出明确的推荐，但"如今它更像一个历史标本"的评价，其实是在尊重顺德历史的基础上委婉地表明了态度：为了健康，不要一味贪恋固有的风味。

灰碱粽为什么是金黄色的

灰碱粽，又叫碱水粽、灰水粽，是用草木灰过滤出来的灰碱水浸泡糯米包出的粽子。灰碱粽色泽橙黄，晶莹透亮，入口软糯，味甜而具有箬叶的清香，南方端午节包的粽子有很多是这种粽子。

我们知道糯米是白色的，如果不加调料，也不加其他有色食材，那么清水白粽子是白色的。灰碱粽也没有加调料和有色食材，只是用灰碱水浸泡了糯米，为什么就变成了金黄色呢？

树枝中主要是木质素等有机物，经过燃烧变成二氧化碳和水跑掉了，最后剩下无机物灰烬。这些灰烬中含有大量的碳酸钾，化学性质跟作为纯碱的碳酸钠很接近。碳酸钾很容易溶于水中，加水过滤之后，收集起来的"灰碱水"主要就是碳酸钾的水溶液。碳酸钾是强碱弱酸盐，水溶液是碱性的，不懂化学的古人称之为"灰碱水"，也还是名副其实的。

制作灰碱水的过程，就是"从天然产物中提取食用碱"的原生态化工生产过程。在世界各地，古人们也都找到了类似的做法，用这样的碱水来制作食物，以及用于其他需要碱性的用途。

糯米的主要成分是淀粉，接近80％，基本上都是支链淀粉。支链淀粉的分子很大，主干上有分支，分支上有分叉，分叉上再分小叉……在加热的时候，支链淀粉比直链淀粉更容易吸水膨胀，然后互相牵扯，形成"胶状"。

除了淀粉，糯米中还有7％左右的蛋白质。在高温下，蛋白质变性伸展，也会互相交联形成网络。

支链淀粉和蛋白质的伸展和交联，是糯米吸水粘黏的分子基础。分子伸展得越好，互相之间的牵扯就越充分，形成的"食物胶"就越均匀。

在碱性环境中，淀粉和蛋白质都更容易舒展开来，交联融合得更为充分，形成的"食物胶"黏弹性更好 —— 在日常用语中，大家把这种黏弹性叫作"Q弹"。

糯米中含有一些黄酮类的物质，在酸性和中性条件下，黄酮类的物质是无色的，所以我们看到的糯米是白色的。在碱性条件下，它们就会呈现出黄色，从而掩盖了糯米的白色。这跟碱面和超薄的馄饨皮总是黄色的是同样的原理。

除了灰碱水，其他的碱性物质也能让粽子有更好的口感和呈现金黄的颜色。比如有一些地方，还保留着"硼砂粽子"的传统做法。硼砂除了能起到与灰碱水同样的作用，还有很好的防腐效果，在过去很受欢迎。但是，硼砂具有一定的毒性，在现代的食品监管中已经被禁止用于食品。如果碰到电商、微商或者街头小贩推销这种"原生态""古法"的"硼砂粽子"，不仅不要买，还应该向有关部门举报。

火腿到底可不可以生吃

火腿，又名"火肉""兰熏"，是经过盐渍、烟熏、发酵和干燥处理的腌制动物后腿。火腿的制作最先是出于对食物的保存，后来人们逐渐发现了这种食物的独特风味，于是作为美食广为流传。在全球十大火腿的排名中，西班牙伊比利亚火腿高居榜首，中国的金华火腿、宣威火腿也榜上有名。在大厨的诠释下，这些火腿成了跨越国界和地域的美食。

中国的火腿是进一步烹饪的食材，而西班牙的火腿是直接吃的食物。

有的人可能会好奇：生的火腿，能吃吗？

把食物做熟，是人类发展史上的一个里程碑。通过"熟食"，人们提高了食物的消化效率，降低了感染致病微生物的风险——这对于远古的人类，显然至关重要。

其实，"熟"并不是一个科学概念，也没有一个明确的定义。日常生活中，我们说"把食物做熟"，通常包含两个方面的意义：一是食物变得软烂，便于咀嚼和消化；二是较为彻底地杀灭了细菌。

在传统上，"做熟"都是通过加热。不管是煎炒烹炸还是蒸烤炖煮，食物所承受的温度都会在水的沸点以上。在这个温度下，很少有微生物能够熬过去。也就是说，实现了"熟"的第一个目标，第二个目标也就自动实现了。

所以，在生活中的烹饪，我们一般不会专门去考虑"细菌是否被杀灭"，也就有了那句著名的"彻底熟食，安全无忧"—— 不过需要强调一下，这里的"无忧"是针对致病微生物和寄生虫的，并不包含毒素、重金属之类的危险因素。

也有一些食物，并不需要长时间的高温就可以变得"可口"，在"食物变得软烂，便于咀嚼和消化"这个意义上的"熟"，并不需要长时间的高温加热就可以实现，比如鸡蛋、牛排及许多鱼肉。

在这种情况下，"熟"的第二个意义就成了关键。在现代食品的安全性控制中，核心就是确定在什么样的加工及保存条件下，可以保证致病微生物不会危害健康。比如牛奶，以前的人都是煮开了喝，而现代的巴氏奶在72℃下加热15秒左右，可以杀灭大部分细菌，然后在冷藏条件下，一两周之内细菌也不会长到危害健康的地步。再比如鸡蛋，传统上我们会把它煮到"熟透"，而在现代食品中，只要蛋黄中心温度达到71℃，也就足以杀灭细菌了 —— 甚至在稍微低一些的温度下，如果时间足够长，也可以杀灭细菌。如果喜欢"没有熟透"的鸡蛋口感，也就可以把"熟"的目标放在"杀灭细菌"这个意义上。

回到火腿上来。中国人的吃法是把做好的火腿进一步烹饪，做成各种美食。毫无疑问，如果火腿上有致病微生物，这样做可以充分杀灭它们，吃起来很保险。

但这并不意味着"非这样做不可"。在火腿的制作过程中，会有一定程度的发酵，肉中的肌肉纤维会有一定程度的分解，从而变软。从"适口好嚼"这个目标来说，好的火腿不需要进一步烹饪就可以满足 —— 跟进一步烹饪的相比，它也有着独特的风味和口感。

能否吃的关键，就在于它是否存在危害健康的微生物。新鲜的肉中有一些细菌和霉菌，其中难免有一些有害的种类。不加处理的肉是它们生长的温床，长得越多对健康的危害就越大。而加工后的火腿，一方面失水变干，另一方面含有大量的盐，这两个因素都能抑制微生物生长。

火腿是否安全的核心，就在于制作过程。一方面，无害的霉菌在生长从而分解肉中的蛋白产生风味物质，而有害的细菌有可能滋生；另一方面，肉在不停地失水和渗进盐。制作工艺的核心，就是失水和渗进盐挤压了细菌的生存空间，让它们不能"成气候"甚至逐渐式微，同时无害霉菌产生风味物质的过程占据上风。

简而言之，火腿能够做到"可以生吃"，但是要求对制作过程有良好的把握 —— 既要达到"适口"意义上的熟，又要把微生物的量控制在不至于危害健康的程度。

熬糖汁，
易学而难工的甜点关键

在各种甜点的制作中，经常有熬糖这个基本操作。

熬糖看起来很简单：糖加入水，加热熬煮一段时间，就成了。但是，不同的人熬出来的糖汁可能相差很大。加到食物中，差别就更加明显。说易而行难，易学而难工，是对这些操作技艺的准确描述。在成为甜品师的过程中，甚至会把"学习熬糖"作为学徒生涯中的一个里程碑。

蔗糖是由果糖和葡萄糖脱水缩合而成的双糖。它在水中的溶解度很高，1升水可以溶解1千克左右的糖，得到很浓的蔗糖溶液。但是，如果直接把这样的蔗糖溶液加到甜点中，随着时间的推移，蔗糖分子会结晶析出，从而影响食物的口感。这种现象，被称为"返砂"。

把蔗糖熬成糖汁，是前人总结出的避免返砂的办法 —— 在没有化学理论指导的时代找到这样的办法，不知道经过了多少人的摸索和总结。

熬糖汁的过程，其实就是逆转果糖和葡萄糖的缩合过程 —— 我们称之为"水解"。在蔗糖分子中"加回"一个水分子然后断开，一个蔗糖分子转化成了一个果糖分子和一个葡萄糖分子。得到的糖汁，也被称为"转化糖"或者"转化糖浆"。

果糖的甜度大约是蔗糖的 1.7 倍，葡萄糖的甜度则为蔗糖的 0.7 倍左右 —— 一升一降之后，糖汁的甜度还是会比蔗糖要高一些。

当然，这并不是熬糖汁的主要目的。蔗糖水解之后，黏度降低，也不容易返砂，才是最关键的。

在熬糖汁的过程中，随着加热和搅拌，水不断蒸发，水解不断发生。加热的温度、糖溶液的酸度、水含量及熬煮的时间，都会影响着水解的进行。而温度、锅的形状、搅拌速度、加热时间，又影响着水的蒸发速度 —— 也就是说，糖汁中的果糖、葡萄糖、没有水解的蔗糖及水的含量，一直在不停地发生着变化。而它们的含量，又决定着糖浆的甜度、黏度和其他风味，以及将来返砂的能力，等等。

更复杂的地方还在于温度、酸度（通过加入柠檬汁来改变）、水含量和时间，这四个可以操控的因素对于水解的影响都不是"越怎么样就越好"，而是各自存在着"最合适的点"。毕竟，水解只是糖汁中的这些物质所发生的反应之一 —— 而其他反应的存在，可能会消耗葡萄糖、果糖，也可能生成影响风味的其他物质。

在现代食品工业中，我们可以用现代分析仪器准确地把握糖汁中的成分变化，并通过工艺参数的调整来实现标准化控制。而在传统厨艺中，把糖熬到什么程度"合适"，就完全依靠厨师的经验来了 —— 这就是经常说的"火候"。

传统的甜点美味中，白糖、猪油和面粉的组合，堪称各种美食的"黄金搭档"。

猪油的主要成分是饱和脂肪酸甘油酯，也有一部分游离脂肪酸。在猪油的存放过程中，脂肪酸甘油酯也会发生水解，释放出一些游离脂肪酸。它们会发生缓慢的氧化反应，氧化产物会进一步分解成为各种小分子。在不同的反应条件下，这些小分子的结构和组成相差很大。

糖能够与游离脂肪酸发生酯化反应，也能与甘油酯发生置换反应而形成"蔗糖酯"。蔗糖酯不是一种单一的物质，而是多种分子结构的混合物。不同的反应条件、不同的反应时间，得到的蔗糖酯的组成相差很大。蔗糖酯具有一定的表面活性，能够帮助食物配方中其他成分分散、乳化，还能与淀粉形成复合物防止老化等。

糖和猪板油混合存放，不停地发生着这两类反应。形成的小分子物质和蔗糖酯中，会有不同气味的分子。操作保存得好，形成的好闻的气味分子占了主导，我们就会觉得它"更香"了。扬州双绝之一的"油糕"，就是这个操作的经典。当然，如果操作条件不好，也可能产生不好的气味了。

对于远古人类，糖代表着迅速吸收能量、补充体力，对于生存有着巨大的价值。数千万年来，对甜食的偏好已经深入基因。有研究显示，对全世界的婴儿来说，甜味都是它们最容易接受的味道。

高糖、高油的食物，在人类历史的绝大多数时间里都是奢侈的——成为美食，备受喜爱，一方面是它们能够极大地满足人们的感官享受，另一方面是大多数人无法把它们作为日常食物。

近几十年来，生产技术的发展使得糖和油是如此易得，高油、高糖从稀缺变成了"泛滥"。与生俱来的口味偏好依然会让它们成为美食，而人类没有演化出对于它们的"负反馈机制"，又让它们成了健康的负担。

于是，美味与健康，就成了现代人的饮食中最大的纠结。

美味，依然是美的。我们的前人，因为"无法得到"而被动限制了享用的频率；我们这一代人，以及我们的后代，则需要"顾忌健康"而主动限制享用的频率 —— 如此，则这些美食，依然美好。

海鲜的鲜甜来自哪里?
为什么稍纵即逝

各种新鲜优质的海鲜水产,都会有鲜甜的风味。

这些鲜甜是如何产生的呢?为什么又很容易消失,还会变得"腥"甚至腐臭呢?

海鲜中的鲜味物质

各种海鲜水产通常都富含蛋白质,在它们的体内,还有含量不低的游离氨基酸。氨基酸有不同的味道,相对含量也各不相同。

一般而言,海鲜中谷氨酸的含量都比较高,而谷氨酸就是最重要的鲜味来源。甚至"鲜味"这种味道被科学家们认定,就是基于对谷氨酸盐的研究。高纯度的谷氨酸钠就是味精。除此之外,海鲜中含量较高的天门冬氨酸也具有鲜味。

更重要的是，这些动物的肉中还含有很多核苷酸，比如肌苷酸（IMP）、鸟苷酸（GMP）和一磷酸腺苷（AMP）。它们本身的鲜味不算强，但是可以"放大"谷氨酸等氨基酸的鲜味。这种现象，被称为鲜味的"协同效应"。肌苷酸和鸟苷酸的钠盐，跟谷氨酸钠混合，就构成了鸡精的基础。鸡精及很多其他的调味品含有的"呈味核苷酸二钠""核苷酸二钠""肌苷酸二钠""鸟苷酸二钠"，就是它们的不同"马甲"。

除了它们，还有一些有机酸也被认为有一定鲜味，比如琥珀酸。

在不同的海鲜水产中，这些鲜味物质的含量不同，主导种类也不尽相同，因而有了不同的鲜味特征。即使是同一种海鲜，鲜味物质的含量也跟生长环境和养殖水平密切相关。

海鲜中的甜味物质

海鲜中能产生甜味的物质也不少，氨基酸和糖原是其中最重要的。在各种游离氨基酸中，甘氨酸和丙氨酸具有甜味，而且往往含量比较高。糖原是动物新陈代谢的中间产物，在肌肉中会有相当高的含量。

此外，虾蟹类水产品中还有一些甜菜碱。甜菜碱是在甜菜糖的糖蜜中发现的，化学名称是三甲基甘氨酸，也能够贡献一些甜味。氧化三甲胺也是一种代谢中间产物，主要存在于水产品中。它有一定的鲜味和微弱的甜味。

唯有鲜活，才有鲜甜

这些风味物质都是动物代谢的中间产物。在动物们活着的时候，这些物质在不断地产生和消耗着。当它们死去，这个"产生 — 消耗"的平衡就被打破了。在多数情况下，这些物质不会再产生，但会继续分解转化。所以，越新鲜，就越能保持"鲜甜"。

一旦死去，出现什么样的风味，取决于这些风味物质的分解转化速度，以及分解转化产物的风味。比如，如果死去不久，氧化三甲胺分解的影响就占了主导。它分解释放的三甲胺、二甲胺是鱼腥味的主要来源。此外，鱼油中的二十二碳六烯酸（DHA）和二十碳五烯酸（EPA）容易氧化，产生的醛酮类物质，也可能带来不愉悦的风味。糖原的变化也很重要。即便是没有死亡，但它们离开了舒适的生活环境，也会处于应激状态，体内的糖原会加速分解转化为乳酸。如果已经死亡，糖原的分解速度就会更快。糖原减少了，甜味就会下降。

跟其他化学反应一样，这些分解和转化反应对于温度都很敏感。所以，无法活着储运的海鲜，通过冰鲜保存可以大大减缓这些反应的发生，也就能更好地保持住这些风味物质。如果需要保存的时间更长，冷冻就是更好的方式 —— 当然，冷冻可能会导致细胞的破裂，从而影响口感，所以现在食品加工中采用速冻来避免对口感的破坏。

在没有这些现代保存技术的时候，人们开发出了各种各样的保存手段。韩国的酱蟹和中国的炝蟹，最初都是为了保存。因为这些保存操作而赋予了新的风味，最后使得它们成了别样的美食。

腐败之后，"内忧外困"导致的腥臭

海鲜死亡之后，腐臭来得比其他食材更快。内，各种风味物质的分解转化相当迅速；外，它们携带的细菌也很快活跃起来。

氧化三甲胺分解是一大原因。最典型的格陵兰睡鲨，氧化三甲胺含量实在太高，分解出的三甲胺、二甲胺不仅带来闻名天下的腥臭，而且达到使人中毒的量。这种鲨鱼肉要经过漫长复杂的处理，才能去掉大部分三甲胺等有毒物质，从而安全食用。

氨基酸也很容易分解，释放出的氨就是刺鼻的"厕所味道"。那些含硫氨基酸，还会分解出硫化氢，就是"臭鸡蛋"的气味了。

鱼油比其他的植物油和动物油都更容易被氧化，分解产生各种令人并不愉悦的气味，比如常说的"哈喇味"。

而这些令人并不愉快的物质还可能发生相互反应，最终形成"臭鱼烂虾"的腥臭刺鼻的气味。

姜为什么可以"撞奶"

"姜撞奶"是起源于广东的一道甜品。《风味人间》对它的描述是"一派浓重乳香，丝丝辛辣，呼之欲出"—— 加上顺滑细腻的口感，广东人对它情有独钟，其他地方的人往往也一见钟情，"由路转粉"。

它的制作方法"看起来并不复杂"，大致步骤如下：先把老姜去皮（其实不去皮也完全没问题，去皮只是心理上觉得更干净而已），榨出10毫升左右的姜汁；再将120毫升全脂牛奶（水牛奶效果更好）加热到轻微沸腾状态，冲入姜汁。最后，静置1分钟，就凝固成了白皙细腻、均匀而有一定弹性的凝胶。

当然，如果喜欢甜味，不妨在牛奶中加入一些糖。

为什么姜能把奶"撞"凝

牛奶中除了水，含量最多的三种成分是蛋白质、脂肪和乳糖。乳糖是小分子，不具有凝结能力。脂肪被分散成了一个个的小颗粒，表面包裹着一层蛋白质。除了包裹脂肪颗粒，还有大量的蛋白质存在于水中。

蛋白质是由20种不同的氨基酸连接而成的。有的氨基酸是"疏水"的，倾向于与水分子保持距离而互相之间"抱团取暖"，称为"疏水氨基酸"；有些氨基酸则与水分子非常亲密，不喜欢与疏水氨基酸靠近。在很多其他的蛋白质中，疏水和亲水的氨基酸连接成为长链之后，疏水氨基酸要去找其他的疏水氨基酸抱团，而亲水氨基酸又试图与它们保持距离而与水亲近，于是互相牵扯纠缠，就折叠成了"一团"——在生物化学上，也就是通常所说的"空间结构"。

牛奶中的蛋白质约有80％是酪蛋白。而酪蛋白是一种跟其他多数蛋白质不同的"奇葩"：它的疏水氨基酸和亲水氨基酸分别相对较为集中，最后疏水氨基酸聚在一起成了一头，亲水氨基酸则在另一头像个"尾巴"。在水中，几个酪蛋白分子的疏水头凑在一起，亲水的尾巴朝外，就形成了一个酪蛋白的"小集团"。这些小集团的疏水部分和亲水部分各得其所，相安无事，能够稳定地存在于水中。

有的酶——比如凝乳酶，能够特异性地在酪蛋白第105和106个氨基酸之间切上一刀，把疏水的头和亲水的尾巴切开。切开之后，疏水的头就不得不直面水分子——它们自然是不愿意，于是寻找更多的疏水头来"抱团"，最后就互相连接，形成了巨大的网络，把脂肪颗粒和一部分水一起网罗其中。这个过程，就形成了奶酪。

姜中有一些蛋白酶，它们不像凝乳酶那样专一，也不像凝乳酶那样强大，但也可以产生类似的"凝乳作用"。因为形成的酪蛋白网络不像奶酪那么坚韧紧密，得到的凝胶就要软嫩得多。

姜撞奶的那些经验

明白了姜撞奶背后的科学原理，也就能很好地理解制作姜撞奶的一些经验：

1.用老姜。植物中许多成分的含量与生长期有关。姜越老，所含的酶就越多，姜汁中的蛋白酶含量也就越高。

2.要用鲜榨的姜汁。很多酶的稳定性不好，姜汁榨出来放置一段时间，酶的活性就显著下降了。有网友做过对比试验，榨出的姜汁放置一个小时，就不能再"撞凝"牛奶了。

3.用水牛奶最好。牛奶能否凝固，其中的固体含量尤其是蛋白质含量很关键。水牛奶的蛋白质、脂肪和乳糖含量都比普通牛奶高，所以更容易被"撞凝"。基于这点，如果在全脂牛奶中加入一些奶粉或者炼乳，就更容易制作成功了。

4.牛奶加热到微沸。酶起作用需要一定的温度，温度过高会使酶快速失活，而温度过低则酶的活性难以发挥。合适的温度则是经验的产物，不同的蛋白酶最佳温度不同，姜中的酶最高活性在60℃上下。

除了姜，还可以用瓜果来撞奶

除了姜，还有一些水果中也含有蛋白酶，比如木瓜、菠萝、猕猴桃、哈密瓜，等等。这些水果的汁中也含有很多蛋白酶。如果用它们代替姜汁，能否做成其他的"撞奶"呢？

答案是可以。不过，这些酶对于蛋白的攻击性不同，比如菠萝蛋白酶活性很高，适当的酶量和时间能够让奶凝固，但酶解得稍微过一点，就会把蛋白切出大量苦味的多肽，不再凝固而且很苦。相对来说，木瓜汁有天然的黄色而且没有辣味，所以撞出来的颜值和味道甚至更好。猕猴桃和哈密瓜，在适当的温度、适当的酶量和适当的时间下，也是能够把奶"撞凝"的，只不过对于"火候"的把握要求可能比姜要高。所以流传最广的，也就还是"姜撞奶"了。

"魔力酱"的魔力，
是用火烤出来的

墨西哥的魔力酱中文译名来自西班牙语 Mole，是由辣椒和香料制成的墨西哥酱料，滋味纷繁独特。魔力酱既可以用作炖肉的基础，也可以用作浇在食物上的调味料。但与大多数调味料不同，魔力酱重点是它本身的味道，搭配什么食物不重要，它才是主角。

不同于许多"火辣辣"的辣椒酱，魔力酱虽然主要成分是辣椒，但经过了厨师的处理调和，辣味柔和了很多。

魔力酱对辣椒的处理，关键在于烘焙。

辣椒的关键成分是辣椒素。辣椒素是由一种十个碳的中链烯酸与香草胺连接而成的。它跟人体内的辣椒素受体结合，能够产生火辣疼痛的神经信号，刺激大脑分泌内啡肽而使人感到愉悦。辣椒素

含量越高就越辣 —— 这其实是一种痛觉，如果超出了个人的承受能力，感到的就不是愉悦，而是单纯的痛了。

其实辣椒还有一种成分叫作辣椒素酯。跟辣椒素相比，香草胺换成了香草醇，从而使得前者是"酰胺"而后者是"酯"。这一替换，使得辣椒素酯几乎失去了辣椒素的火辣。但有趣的地方在于，它仍然能与辣椒素受体结合，从而产生类似的"生理活性"。对于医药应用来说，这实在是一个很有价值的特性。

作为一种酱料，太辣固然是一种特色，但也就限制了它的接受范围。墨西哥的魔力酱能够老少咸宜，显然是需要去掉一部分辣度的。

烘烤就是"去辣"的一种可行操作。

其实辣椒素对于加热相当稳定。在通常的煎炒烹炸中，它都能相当好地保持着自己的性质。

不过这个"稳定"只是相对而言 —— 只要加热温度足够高、时间足够长，它们也还是很难抗住。比如有一项研究测试泰国青椒在烘烤过程中的辣椒素变化，结果发现：在180℃下烘烤5分钟，损失的辣椒素不到4％，但继续烤到20分钟，辣椒素就会减少30％以上，烤到半个小时，损失则会超过40％；如果把温度提高到250℃，那么5分钟后就会损失约20％，20分钟后只剩下一半，如果烤到半个小时，损失能够超过70％。

烘烤的作用并不仅仅是降低辣椒素的含量，还能产生更多的风味物质。

辣椒，以辣著称，使得人们忽视了它的其他特质。

其实辣椒的营养组成相当丰富。在每100克干辣椒中，含有40克的膳食纤维、大约10克的糖、超过10克的脂肪及15克左右的蛋白质。

糖和蛋白质，在加热过程中就会发生美拉德反应。美拉德反应产生的芳香，从来就是各种美味的基础。

烘烤会使包括膳食纤维在内的碳水化合物脱水、降解，发生焦糖化反应，散发出烤面包般的焦香。

脂肪在加热过程中也会裂解。裂解产物还会掺和到美拉德反应中去，从而让风味更加复杂多变。

所以，深度烘烤的辣椒，辣度大为降低，同时产生了复杂多样的风味物质。每个制作者再加入自己的配料，也就变换出风情各异的"魔力酱"。

　　在地球的这一边，中国的西南地区尤其是贵州，"糊辣椒蘸水"也是把烘烤到微糊的辣椒碾磨成粉，再加入当地人喜欢的折耳根、酥黄豆、葱、蒜等，制作成随性多变的调料。

惊鸿一瞥的神奇食物
——魔芋

魔芋是一种天南星科植物，地上部分看起来相当别致，而作为食材的地下部分，就实在有点磕碜了。更重要的是，它的身体各部分 —— 尤其是要食用的球茎，都含有相当多的草酸钙和生物碱。草酸钙形成的晶体就像一枚枚尖利的针，一旦接触就会刺破皮肤，产生瘙痒、刺痛之感。而生物碱随着刺破的伤口进入毛细血管，更加雪上加霜。

面对这样一种既不好看又不友好的东西，我们的祖先居然找到了办法去除它的毒性，并且制作成口感特别的食物，不得不让现代人感到惊叹。

魔芋的主要成分是葡甘露聚糖，这是一种可溶性的膳食纤维。

在这些纤维的长链上，"挂"着许多"乙酰基"——它们的存在，阻止了纤维分子之间互相靠近并形成有序的结构，也就使得它们能够自由地溶解在水中。

在农村，我们把魔芋球茎放在一块特制的、上面充满凸起的"瓦"上磨，磨下来的"魔芋浆"溶进水中成为溶液。磨到最后只剩下中间带着芽的"芯"，拿去种到地里还能长成新的一株。把磨出来的溶液调整到合适的浓度，加热烧开，加入石灰水或者草木灰搅拌。在高温和碱性的条件下，乙酰基被水解"脱"掉了。当温度降低冷却下来，葡甘露聚糖的"主链"就形成了整齐有序的阵列，把大量的水分子网罗其中，成为非常筋道 Q 弹的"魔芋胶"。

在这个过程中，草酸钙针晶和生物碱都被消除了，得到的魔芋胶也就可以安全食用。跟明胶形成的皮冻不同的是，魔芋胶一旦形成，就能够承受高温和酸性的考验而不会融化。这让它可以方便地作为食材进一步加工成各种食物。

魔芋有不同的品种。在我的家乡四川，魔芋做出来是黑色的，被称为"黑豆腐"。跟真正的豆腐相比，它的含水量更高，而弹性却要更好。

"黑豆腐"本身并不能算作"美食"——它只有 Q 弹的口感，几乎完全没有味道。味道如何，完全依靠进一步的加工和调味。而且，它的结构紧致，甚至比豆腐入味更为不易。川菜中的名菜"魔芋烧鸭"，需要经过长时间的炖煮，才能让鸭肉的鲜味进入到魔芋中——不过一旦"火候到位"，Q 弹的口感与鸭肉的鲜香交融，就会让人欲罢不能。

在峨眉山还有一种特产叫作"雪魔芋"，就是把"黑豆腐"进行冷冻，然后再化冻、脱水、干燥而得到的。在冷冻过程中，水结成冰，摆脱了葡甘露聚糖的束缚，化冻之后就会从胶中析出。这个过程，跟冻豆腐是一样的。脱水干燥后得到的雪魔芋，就像海绵一样，能够吸收大量的水分。把它作为食材再去烹饪，就远远比"黑豆腐"要容易吸收汁水与调料。

在许多关于魔芋的宣传中，喜欢宣称魔芋"营养丰富""富含膳食纤维和蛋白质，含有多种氨基酸、矿物质和维生素"。其实，魔芋最大的营养价值，恰恰就是它"没有营养"。所谓的"富含蛋白质，含有多种氨基酸、矿物质和维生素"，都是外行的不知所云。魔芋的与众不同之处，就是它超高的葡甘露聚糖含量。

跟其他的可溶性膳食纤维一样，葡甘露聚糖对于调节肠道健康、降低血脂和胆固醇，都有显著的效果。《美国临床营养杂志》在2017年发表了一篇综述，对过去的临床试验进行分析显示，每天摄入3克左右的葡甘露聚糖，能够把坏胆固醇的水平降低10％左右 —— 对于一种特定食物来说，这样的功效可以算是相当突出了。

除此之外，葡甘露聚糖的吸水性非常强。很少的固体，就可以形成大量的魔芋胶，提供很强的饱腹感。所以，用它来增加饱腹感，从而减少其他食物的摄入，会在控制热量减肥的同时不那么饿。不过要提醒大家的是，魔芋粉只是提供饱腹感，它本身没有什么营养 —— 如果大量食用来减肥，容易造成营养不良而影响整体健康。在市场上，有一些"减肥食品""减肥代餐"就是大量加入魔芋粉来实现"不饿肚子，×× 天减掉 ×× 斤"的"看起来很美"的目标 —— 在数字上，这是可以实现的，但要付出牺牲健康的代价。对于一般公众来说，这并不见得是划算的事情。

葡甘露聚糖，或者说魔芋粉，是一种功能特性相当独特的食品原料。把它与其他食品原料配方组合，能够制作出风味口感各异、营养价值不同的食品来。在这个多数人营养过剩、膳食纤维摄入却不足的时代，魔芋是一种大有可为的食材。

蟛蜞豆腐，与豆无关

蟛蜞豆腐，单看菜名，有人或许以为这是由蟛蜞和豆腐烹制的一道菜。这里的"蟛蜞"确实是一种特别的螃蟹，但"豆腐"却与我们熟悉的豆腐并不沾边，仅形似而已。

蟛蜞是长在江河堤岸、沟渠滩涂上的一种淡水小螃蟹，个头只有指甲到乒乓球大小。它的肉很少，基本上都是壳。有一些地方小吃用它作食材，基本上也只是"呫摸味道"，难以作为"食物"来为身体提供物质和能量。"蟛蜞豆腐"的实质，则是通过简单粗暴地分离"有效成分"，再转化成易于食用的食物形态。

它的做法，是把鲜活的蟛蜞清洗干净，再砸碎碾细，砸出来"蟛蜞浆"用布过滤，就得到了"蟛蜞汁"。蟛蜞汁中有许多蛋白质，还有不少游离氨基酸、糖原、无机盐等成分。螃蟹的鲜味物质，基本上都汇集到了蟛蜞汁中。

理论上，只要蛋白质含量足够高，通过高温让蛋白分子充分伸展，降温之后不同的分子之间胡乱混搭，就会把水及其他小分子"陷"在网中，成为"固体胶"。把豆浆做成豆腐是最经典的例子，只不过在豆腐的形成过程中钙、镁离子能够帮助混搭交联，形成的"固体胶"机械强度要好得多。

单纯的蟛蜞汁要形成"固体胶"并不容易。单靠蟛蜞汁来成形，需要很大的浓度和精心的操作。在其中加入一点蛋清，成形就要容易得多。在所有的食用蛋白质中，蛋清的成胶能力无与伦比——别的蛋白质往往要经过长时间的高温加热才能凝固，而蛋清到60℃就已经足够了。

有了蛋清的帮助，蟛蜞汁就很容易地成了像豆腐一样的"固体胶"——蟛蜞豆腐。这里仅仅是借用了"豆腐"这个名称来描述它的形态，实际跟豆腐毫无关系。因为螃蟹汁中有丰富的鲜味物质，蟛蜞豆腐自然就比真正的豆腐要鲜美得多。

蟛蜞是一种繁殖能力极强的动物，只要自然条件适合，它们能够成批成群地出现。在很多时候，当地农民把它们用大口袋装回家，发酵之后作为肥料。

　　把蟛蜞制作成"蟛蜞豆腐"，算得上是一种"穷人的智慧"。把自然界中不起眼甚至难以食用的物种发掘出来，找出食用的方法，这是许多"地方特色食物"的起源。因为原料的廉价易得，也就有了广泛的群众基础。在发展的过程中，普罗大众持续不断地输入智慧对它进行改良，最后就逐渐发展成了"美食"。

　　其实蟛蜞也并不是只有蟛蜞豆腐这一种"穷人的吃法"，它也有一种高级奢侈的吃法，那就是"礼云子"。

　　蟛蜞的前螯很大。虽然螃蟹习惯于横行，但偶尔也有直行的时候。当它们直行，两只前螯合抱起来，摇摇摆摆地有点像古人作揖行礼，于是被称为"礼云"。而"礼云"的卵，就是"礼云子"了。

　　礼云子是蟛蜞的卵，然而蟛蜞本来就小，体内的卵更是只有微不足道的一点。要获得"礼云子"，需要人工一只一只剥开蟛蜞的腹部，把那一点点的卵取出收集起来。剥上几斤蟛蜞，得到的"礼云子"也不过几十克，自然也就很珍贵了。

蒜辣，蒜臭，蒜香

大蒜的"暴烈性情"，源于烯丙基含硫化合物，其中最主要的是一种叫作 S- 烯丙基蒜氨酸的物质。此外，大蒜中还含有蒜氨酸酶。在正常情况下，它们在蒜中各有领地，井水不犯河水。

如果大蒜被切开或者砸碎，蒜氨酸和蒜氨酸酶就相遇了。蒜氨酸酶，从名字就知道，其存在的意义就是催化蒜氨酸的分解转化——转化产物是一类叫作硫代磺酸酯的物质，被称为"蒜辣素"或者"大蒜素"。大蒜素是辛辣刺激的，这就是我们生吃大蒜感到辣的原因。

大蒜素及其他的含硫化合物并不稳定，还会进一步分解转化——分解产物中，有一些像硫化氢一样是臭的。所以，吃大蒜的时候并不臭，只是辣，吃完之后才会嘴臭。

如果生蒜没有被切开捣碎，或者切开之后及时加热烹饪，那么蒜氨酸酶就会失去活性，蒜氨酸也就不会转化为大蒜素及后续的臭味物质。吃了熟的大蒜，也就不会嘴臭了。甚至，蒜氨酸或者其他的挥发性物质，还能有隐隐的香味，也就是通常所说的蒜香。

在不同的烹饪中，对蒜会有不同的处理。比如有的不剥皮，直接把整颗蒜扔到汤锅里的，蒜氨酸酶来不及发挥作用就被灭活了，蒜氨酸也就得到了最好的保留。有的是把大蒜剥皮之后整瓣煸炒，蒜氨酸的分解转化也会很少。把大蒜切片剁成蒜蓉，蒜氨酸就会充分地转化为大蒜素，从而产生大蒜素的辛辣味。更高级的厨师，可能还需要考虑蒜片或者蒜蓉切好到下锅的时间，从而掌控蒜氨酸和大蒜素的转化。

腌制腊八蒜则是操控蒜氨酸的另一种方式。

在较高的温度下，大蒜处于休眠状态。当温度降低到12℃以下，大蒜的休眠状态就被打破了。如果温度低到5℃，大蒜的休眠就会迅速解除，蒜氨酸酶被激活。这时候，如果大蒜被泡在醋中，大蒜的细胞膜会被破坏，方便蒜氨酸和蒜氨酸酶"相爱相杀"。在传统上，人们在腊月初八开始腌大蒜，只是因为那时候温度足够低了，并不意味着只有那天开始才可以。现在，人们的厨房里都有冰箱，冷藏室的温度常年保持在4℃左右，想在夏天腌"腊八蒜"也完全可以。

在腌制腊八蒜的过程中，蒜氨酸被分解成了硫代亚磺酸酯等物质。它们经过进一步的反应而生成大蒜色素，也就不会具有辣味或者臭味。最初形成的是蓝色素，蓝色素继续转化成黄色素。在相当长的时间里，腌制的大蒜中存在着蓝色素和黄色素，从而显现为绿色。如果腌的时间很长，蓝色素完全转化为黄色素，绿色也就消失了。

黑蒜是一种很特别的大蒜加工食品。它是把大蒜在高温高湿的条件下保存几周甚至几个月的时间，大蒜完全从白色变成黑色的产品。在这个过程中，糖和氨基酸发生美拉德反应，产生了许多风味物质；而蒜氨酸没有转化成大蒜素，也就避免了大蒜的辛辣和臭味；大蒜中的多酚化合物发生氧化，转化成了抗氧化性更强的物质。最后，得到的黑蒜酸甜软糯，风味和口感比生大蒜要好得多。而科学家们拿黑蒜做实验的结果显示，其中的生物活性甚至比生大蒜还要高。一些试管实验和动物实验，也就经常被演绎成"黑蒜具有某某功效"。从科学证据的角度说，这些初步研究的功效在人体中是否存在很难说。不过，当黑蒜被当作风味食品而不是神奇的"养生保健品"，其价格也趋于合理的时候，作为一种相当健康的"风味零食"也还是相当不错的。

为什么香肠里要加那么多盐

关注过香肠制作或者香肠成分标签的人可能会发现，各种香肠中，往往都会加入相当多的盐。实际上，不仅是香肠，其他的加工肉制品，比如火腿肠、午餐肉、肉饼、肉丸子等，也都会做得很咸。

高盐是现代人最大的健康风险因素之一。高盐饮食会明显增加高血压的风险，饮食指南中建议每天摄入的食盐不超过6克（并且这个6克还包括食物中其他来源的钠），而高血压病人还要控制得更低。但实际上，多数人的摄入量都大大超过推荐的"控制量"，比如在中国，很多地区人们的平均摄入量大约在每天10克。

所以，营养协会把"减盐"作为健康饮食的"三减"之一来提倡和推动。

在各种食品都在积极寻求"减盐"的大趋势下，不仅仅是香肠这些"传统食品",火腿肠、午餐肉等各种"加工食品"也都很少有这方面的努力。这是为什么呢?

简单的答案是:肉制品中的盐,除了产生咸味,还有更加重要的功能!

第一,盐是防腐剂。肉制品很容易被致病细菌污染,一些细菌分泌的毒素毒性非常强,而高盐对抑制细菌生长有明显作用。比如肉毒杆菌分泌的肉毒素,有过许多致死的案例。所以,防腐是制作肉制品时需要首先考虑的问题。

盐具有一定的防腐能力,但是,肉制品中不能只靠盐来防腐,那样就实在太咸了。现代食品是通过多种防腐手段的组合,在达到防腐目标的前提下尽可能减小对食物安全、风味、口感的影响。比如亚硝酸盐,就是对付肉毒杆菌最有效的防腐剂,而乳酸钠、二乙酸钠配合食盐,则对抑制李斯特菌更为高效。如果降低了食盐用量,就需要添加更多的其他防腐剂,这是消费者更不愿意接受的。

传统香肠中基本上不会采用其他的防腐剂,食盐加脱水是防腐的关键。如果没有足够的盐,可能在脱水到细菌难以生长之前,细菌就已经"星火燎原"了。

第二，肉制品口感的形成跟盐关系密切。加工肉制品需要结合尽可能多的水，才能有良好的口感。要结合更多的水，一方面需要盐使肌肉纤维吸水膨胀，吸收的水才能被肌肉牢牢抓住，在后续的加热中不流失；另一方面，需要肉中的蛋白质溶解出来，互相连接形成蛋白胶，把水固定在这些蛋白质形成的胶中。溶解出来的蛋白质越多，结合的水就越多。盐可以促进更多的蛋白质溶解出来，通常在火腿肠类的肉制品中要用到2％左右。这个食盐用量已经很咸，但对保水而言往往还不够，所以要经常加入保水能力更强的磷酸盐。其实磷也是人体需要的元素，只是人们从正常饮食中得到的磷已经足够多，所以并不希望再通过添加来摄入更多的磷。

第三，咸味跟鲜味的协同作用。跟鲜肉相比，香肠有特别的香味。这种"香味"是各种风味物质的组合，其中最重要的是氨基酸与核苷酸带来的鲜味。在腌制和干燥的过程中，肉中的蛋白质会释放出谷氨酸等鲜味氨基酸，以及肌苷酸等"呈味核苷酸"。这些物质共同作用，使得香肠比新鲜的肉更"鲜"。而盐带来的咸味，跟鲜味也会产生协同，让味道更为浓郁。

千百年来，前人们虽不知道其中的原理，但总结出了足够的经验：香肠要好吃，食盐不可少。

美味的香肠，跟培根、火腿等一样，都是"加工肉制品"。世界卫生组织总结的数据显示，长期每天吃50克加工肉制品，患大肠癌的风险增加18%。一般人群的大肠癌风险大约是2%，增加18%之后大约为2.36%——在这些食物的美味和增加"确实存在但并不算大"的风险之间，吃还是不吃，就需要自己去权衡和抉择了。

拌菜吃的芝麻酱，
能不能洗出香油来

"小磨香油"是一种香味浓郁的芝麻油。大多数植物油都要用它们的原料作物来命名，比如花生油、大豆油、菜籽油、橄榄油，等等。而"香油"尤其是"小磨香油"，不需要指明作物，约定俗成指的是芝麻油。别的植物油，不管来源多么稀有、价格多么昂贵，也都不能叫作"香油"。

其实，并不是所有的芝麻油都叫"香油"，也不是所有的香油都是"小磨香油"。只有经过高温烘炒的芝麻生产出来的芝麻油，才叫作"香油"；只有采用"水代法"生产出来的香油，才是"小磨香油"。

从油料种子中把油分离出来，通常有两种办法：一种是"压榨"，即对油料种子施以高压，把油"挤压"出来；另一种是"浸出"，用有机溶剂去浸泡破碎的原料，把油"浸取"到有机溶剂中，再进行分离。前者叫"压榨油"，后者叫"浸出油"。芝麻的含油量很高，能够达到40％。不管用哪种方法，都不难把油分离出来，都可以叫芝麻油。

芝麻油含有丰富的不饱和脂肪酸，在加热的时候，这些不饱和脂肪酸容易氧化裂解形成醛类等多种物质，而部分裂解出的物质有很好闻的香味。此外，芝麻中还含有20％左右的蛋白质和一些糖类，进行高温加热的时候，它们会发生美拉德反应，也会生成许多香味物质。脂肪酸裂解和美拉德反应都是一系列、多方向的复杂反应，存在许多中间产物。有意思的是，这两类反应的中间产物，都能够参与到对方的反应链中，从而互相影响，产生更为复杂的香味物质。有许多研究探索过香油中的风味物质，经过烘烤的芝麻中出现了种类繁多、含量剧增的吡嗪和呋喃类物质。这些物质为芝麻油带来了特别的香味。

没有经过高温烘烤的芝麻，分离出来的是"芝麻油"；经过高温烘烤，提取出来的就有了浓烈的香味，成了"香油"。生产香油的芝麻，先用水浸泡，然后高温烘炒，在这个过程中，芝麻中的蛋白质充分变性、淀粉发生糊化、油体破裂并渗出，同时产生了大量香味物质。但是，香油跟蛋白质、淀粉及纤维纠缠在一起，并不会自己跑出来。

"压榨法"是用机械压力去挤压，迫使油流出来。除了油，也还会有一些其他杂质一起被挤压出来。这些杂质会对油的外观与风味产生一定的影响。当然，这也可以作为"压榨香油"的特征。中国人最早种植芝麻，应该是张骞从西域带回来的；最早使用芝麻油的记录，是在1700年前的晋代。在1000多年的时间里，芝麻油或者香油，都是压榨出来的。

"小磨香油"的出现，可能只有几百年的历史。它的关键是石磨及"水代法"。经过烘烤的芝麻，再用石磨磨成"芝麻酱"。不过这个提取香油的酱跟直接吃的酱有所不同。直接吃的酱是小火炒的，希望尽可能地保持油不渗出来；而提取香油的芝麻酱则需要尽可能让油出来，在不炒焦的前提下尽量提高温度。

把芝麻磨成酱之后，油也被磨出来了，不过基本上被蛋白质、淀粉和纤维形成的"油渣"吸附着。"水代法"的巧妙之处在于，利用这些"油渣"更喜欢结合水而不那么喜欢结合油的特性，通过加入水并且不停搅拌，让油渣尽情吸水。不管是蛋白质还是膳食纤维，都能吸附几倍于自身的水。所以，开始的时候不停加水、不停搅拌，芝麻酱却是越来越稠。直到油渣"吸饱"了水，加入的水才能填充油渣颗粒的间隙，让芝麻酱变稀。因为这些固体油渣吸足了水，也就无力再吸附油了，于是油就被"取代"了出来。而油与水互不相容，油又比水轻，于是就分离浮到了上层，可以被"撇"出来成为香油。

高温压榨可能导致一些杂质被氧化或者进入油中，会对风味产生一定影响。而"水代法"从用石磨磨到加水，温度都比较低，不会导致油或者其他杂质的氧化，进入油中的杂质也相对少一些，所以香味更纯。

或许，这就是"小磨香油"比"机榨香油"更受欢迎的原因。

香蕉，生熟都好吃

提起香蕉，最常见的话题是"香蕉在青的时候就被摘下来保存运输，然后催熟再销售""作为水果，青香蕉是不能吃的，或者至少不好吃"。

成熟的香蕉很甜，是因为其中的糖含量很高。但在它的青涩时代，体内除了水，几乎全都是淀粉。当它们开始成熟 —— 这个变化，甚至可以在采摘下来之后进行 —— 体内的淀粉酶、糖苷酶及蔗糖合成酶等各种酶"组团攻坚"，淀粉很快转化为糖。不仅从"不甜"转为"很甜"，而且口感也从硬变软。

香蕉的一个特质是采摘之后也都能够成熟。有意思的是，在不同的温度下，这个"后熟"的结果并不相同。有一项研究比较过巴西蕉在13℃和19℃的后熟，结果发现低温不仅延缓了青香蕉的成熟进程，还影响了能够达到的成熟程度——在13℃下成熟，香蕉中相当一部分淀粉没有转化成糖，使得它的糖含量只有"完全成熟香蕉"的一半。分析这个过程中香蕉中各种酶的含量变化，可以发现温度影响的不仅仅是香蕉成熟的速度，还影响着不同酶的相对活性，从而使得成熟之后的状态并不相同。实际上，如果温度进一步降低，比如到10℃以下，这些生化反应就更加错乱了。

虽然青香蕉生涩无糖，但烹饪后却变得质地软糯，口感和芋头非常相似。青香蕉作为食材，在东莞备受追捧，比如香蕉扣肉、香蕉焖鹅，还有香蕉鲫鱼汤。

香蕉和芋头相似，这是怎么回事？

因为在青香蕉中，大约有70％是水，25％是淀粉。这个组成，跟芋头确实也差不多。而且，二者的淀粉微结构也差不太多，做熟之后，青香蕉也就像芋头了。

从风味口感的角度说，即便是做熟之后口感提升，青香蕉大概还是难以与熟香蕉匹敌——糖，毕竟要更招人喜爱。

当美味无法匹敌，人们可以考虑青香蕉在健康方面是否能占据上风。淀粉已然比糖有利于健康，而青香蕉中的淀粉，含有很多"抗性淀粉"，类似于膳食纤维，不被人体消化吸收，而对于肠道益生菌有一定的帮助。此外，青香蕉中还有不少果胶，是地地道道的膳食纤维，对于健康有着诸多积极作用，而现代人的饮食中却又经常欠缺。所以，相对于成熟美味的熟香蕉，青香蕉在健康方面有着明显的优势。

科学解读菜籽油

　　菜籽油，从传统、现实和美食的角度来说，在中国餐饮中的地位都举足轻重。那从现代科学的角度，该怎么看待菜籽油和"土榨油"呢？

菜籽油的香味来自有害成分

　　各种植物油的特有香味来自其中的挥发性成分。就菜籽油来说，主要是其中的芥子油苷。芥子油苷也被叫作硫代葡萄糖苷或者硫苷，被分解后会产生异硫氰酸酯、腈、氰酸盐等物质。这些分解产物能干扰甲状腺素合成，导致甲状腺肿大。腈也能造成动物肝脏和肾脏肿大，严重时可引起肝出血和肝坏死。

　　在不同品种的油菜籽中，芥子油苷含量相差很大。好在榨油之后，它们主要留在油饼中。国家标准规定如果在油饼中的含量低于每克30微摩尔，可以称为"低硫苷"，而硫苷含量高的品种这个值能达到每克100微摩尔以上。如果把油饼做饲料，未经脱毒处理的就可能造成动物中毒。它在油中的含量比在油饼中要低，再考虑到油的食用量，造成上述症状的可能性不大。只是从健康的角度出发，即使风险不大，如果能够避免的话还是应该避免。

油菜籽中另一种重要成分是芥酸，压榨之后主要进入油中。在动物实验中，芥酸会对心脏造成损伤。

简而言之，享受菜籽油的香味，是以摄入有害成分为代价的。

关于改良的菜籽油

《风味人间》中提到，改良的菜籽油使得有害物质的含量降低，而富含单不饱和脂肪酸使得它的营养价值可以与橄榄油媲美。这里说的"改良"的油菜籽，就是通常所说的"双低油菜籽"—— 低芥酸、低硫苷。加拿大的双低菜籽油有个专门的名称 canola，通常翻译成"卡罗拉油"或者"芥花籽油"。

不同的食物油最主要的区别是脂肪酸的组成，不同的脂肪酸组成决定了油的性质。油的化学结构是甘油三酯，就是一个甘油分子上连接着三个脂肪酸。脂肪酸可以分为三类：饱和脂肪酸、单不饱和脂肪酸和多不饱和脂肪酸，相应的油通常也就被称为饱和脂肪、单不饱和脂肪和多不饱和脂肪。饱和脂肪很稳定，在加热储存中不容易变质；单不饱和脂肪次之；多不饱和脂肪不稳定，很容易氧化变质。目前的科学证据显示，饱和脂肪比较不利于健康，而单不饱和脂肪比较好。如果把食谱中的饱和脂肪换成单不饱和脂肪，则有助于心血管健康。橄榄油就因为单不饱和脂肪酸含量高而著称。菜籽油是单不饱和脂肪含量比较高的植物油，双低菜籽油的脂肪组成不逊色于橄榄油。

跟许多人想当然的不同，"双低油菜籽"的"双低"特性并不是通过转基因技术得到的，而是通过传统的育种技术得到的。实际上，在转基因技术被应用于农作物改良之前，加拿大就已经培育出了 canola。而在中国，也有一些双低油菜籽品种在各地推广。

不过北美的双低油菜籽的确多数是经过转基因改良的。这一改良是转入抗草甘膦基因，使得它能够抗除草剂，从而减轻种植难度。这一通过转基因技术获得的特性，跟"双低"特性没有关系。

土榨油风险很多

《风味人间》把"土榨油"作为传统智慧来继承，在中国的许多地方，现实也的确如此。许多人认为这样"未经现代工业手段处理""无添加"的油更加"健康"、更加"安全"。

然而，现实很残酷：土榨油不仅没有"更健康""更安全"，反而存在多种风险。

土榨油中含有游离脂肪酸、色素及挥发性成分。这些杂质的存在使得油会有各自特有的风味，但是它们也使得油在比较低的温度下就会冒烟。油开始冒烟的温度叫作"烟点"。烟点与油的种类有关，比如葵花籽粗油的烟点不到110℃，而芝麻粗油则接近180℃。同种类油的烟点又跟其中的杂质密切相关，大豆和花生粗油的烟点在160℃左右，而精炼之后能够达到230℃以上。

油烟中含有一种物质叫作丙烯醛。丙烯醛对眼睛和呼吸道有很强的刺激作用，在第一次世界大战中甚至作为化学武器来使用。除此之外，油烟不仅是PM2.5的来源，还会产生其他的有害物质。工业化生产的油一般要经过精炼，目的是除去油中的游离脂肪酸、色素和气味。经过精炼的油颜色浅、味道平淡、外观清亮，冒烟温度能提高 50 ～ 60℃。在爆炒油炸的时候，精炼油在更高的温度下也不会冒烟。

此外，土榨油会进行高温处理，在处理过程中所形成的苯并芘是一种致癌物。曾有媒体报道，某茶籽油中苯并芘超标，而其超标原因，就是压榨之前高温加热产生的。

所以，从安全的角度看，"自家榨的油"不如精炼的油好。

植物油中有一些对健康有益的成分，比如维生素 E 和植物甾醇等，在精炼中也会被去除一部分。因此，从营养的角度说，"自家榨的油"比起精炼的油又有一定的优势。

不过，对于食品，我们应该是在安全的前提下考虑营养。精炼所损失的营养，可以从其他的食物中获得。而粗油冒烟所带来的危害以及苯并芘带来的危害，却都无法消除。虽然它们的危害不见得立竿见影，但是小的风险，只要能避免也就没有必要去承担。尤其是对于爆炒或煎炸，精炼油应该是更好的选择。

第二章

风物之旅 吃喝路

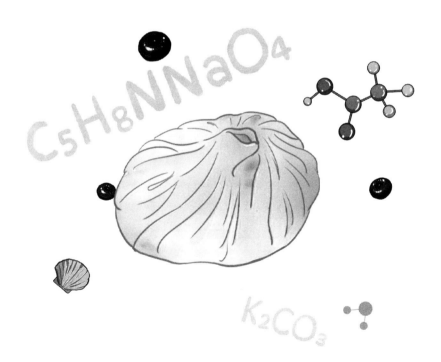

到了广西，
总得吃一碗生榨米粉

跟其他著名的美食地区相比，广西的烹饪总体而言是比较简单的。不过广西的米粉还是非常不错的，尤其是生榨粉，是她的独门绝活。

生榨粉的特色在于"现榨现吃"。在店里通常情况下会有一大盆非常黏稠的米浆，店主把米浆盛到底部开了许多小孔的磨具里进行挤压，米浆从孔中出来就成了均匀的粉条。把这些粉条直接挤到沸腾的水中，几十秒到几分钟之后，粉条漂浮起来，就得到了煮熟的米粉。对于很少下厨的人来说，这多少有点"见证奇迹的时刻"的感觉。

煮熟的米粉捞出来，再倒入现做的韭菜猪杂汤，高级饭店里无法体验的鲜香顿时弥漫开来。

　　中国各地有各具特色的米粉与面条，是否好吃的关键就是两点：粉（或面）的口感和汤的滋味。广西生榨粉的米粉在整个制作过程中都没有干燥步骤，淀粉始终处于吸水保湿的状态，煮的时候从外到内的均匀性更好。对于相同的原料，这可以保持更好的"黏弹性"。据说更为"讲究"的店家，在煮好粉之后会捞出来用凉水降温，然后再加入汤中食用。米粉是一种"淀粉胶"，在加热熟化的过程中，淀粉分子的结构状态及不同淀粉分子之间的纠缠互动方式会持续变化。当煮到理想状态的时候，通过降温把它们"定住不动"，就有利于保持更好的口感。

　　生榨粉的特色在于那种"发酵过的酸味"——有人喜欢，有人不喜欢。磨粉的米，需要浸透并且进行发酵。作为一种传统食品，它并没有标准的制作工艺，所以不同的人认为的"正宗生榨粉制作流程"常常是不尽相同的。毕竟，过去所有的食品制作，都是因地制宜的。简而言之，就是大米需要进行发酵，至于如何发酵，发酵到什么地步，各家有各家的方式。发酵的程度不同，也就会得到风味不同的粉。

大米跟小麦的一大不同，在于小麦中有成胶性能很好的面筋蛋白，能够很容易地形成紧密的网络结构，从而让面团获得很好的机械性能。大米中的蛋白很"顽固"，分子难以展开，也就不容易形成黏弹性好的面团和面条。有一个巧妙的操作，就是在生榨粉的米浆中加入一部分熟粉浆，经过充分的混合搅打，米浆也就获得了一定的机械性能。

形成熟米浆的操作也各家不同，有的是把五分之一的米煮熟，捶打成胶，再加入生米浆中；有的是直接把生米浆做成的团放入水中煮，煮到大约1厘米厚的表皮熟透，再搅打混匀。通过煮熟，淀粉分子吸水膨胀展开，互相胶连，也就具有了一定的机械性能。再搅打进生粉浆中，就起到了小麦面团中面筋的作用。

不过这种"模拟面筋"的作用跟真正的面筋比起来还是要弱得多，所以不能像小麦粉那样做成有延展性的面团，更难以做成"生面条"。把它们做成黏稠的米浆，通过磨具挤压成粉条，直接落入开水中煮熟，才能够成为成形筋道的"粉"。

生榨粉是一种相当"原生态"的加工工艺，加工步骤比较多，适合街头和社区的小店。相对来说，用现成粉制作的烫粉、炒粉，就更容易实现标准化。生榨与烫熟，其实只是工艺的不同，最终决定风味口感的，还是粉本身的品质控制和汤的制作。不管是生榨粉还是其他的粉，做得好的，都会好吃。

把辣椒做出花儿来

在人类吃辣椒的历史中，中国人是典型的后来居上。至少在7500年前，墨西哥人就在吃辣椒了；而在中国，直到明代末期才分别由朝鲜半岛和缅甸、越南一带传入了这种"奇花奇草"。

在当时，辣椒是作为观赏植物存在的。后来，勇敢的贵州人做了"第一个吃辣椒的人"，随之一发而不可收。此后，辣椒又传入四川、湖南等地。到今天，中国辣椒的产量和消耗量占到了世界的一半左右。

辣椒中最关键的成分是辣椒素。不同辣椒的辣椒素含量差异可谓是天上地下，含量最少的柿子椒中几乎不含有辣椒素，而最辣的每百克中高达几克。用辣度单位 SHU（Scoville Heat Units，史高维尔辣度指数）来衡量的话，柿子椒辣度几乎为零，云南小米辣约为

3万～5万SHU，朝天椒一般在5万～10万SHU，而世界上最辣的辣椒，辣度超过了200万SHU。

辣椒素吃到嘴里会与一种叫作TRPV1的受体结合，这个受体也负责感受高温和痛觉，所以辣椒带给我们的是"火热的痛"。大脑感知到这种痛之后，会分泌内啡肽来进行"安抚"。所以，如果辣椒素产生的痛在一个人的承受范围之内，那么痛感很快会减弱，内啡肽带来的愉悦就占了主导。因此，辣虽然是一种痛，却总让我们欲罢不能。

不过，辣椒在食物中的价值远远超越了辣。新鲜的辣椒含水量接近90%，大致跟牛奶差不多。以100克辣椒为例，在那剩下的10余克固体中，差不多有一半是糖，还有1.5克左右的膳食纤维。此外，约2克的蛋白质也算是相当多了，超过了大米和面粉中的蛋白质含量。更令人惊奇的是，辣椒中的维生素C含量极高，60克的鲜红辣椒，就能够满足人体一天对维生素C的需求了。

说起吃辣，大家经常会想到有着热辣火锅的四川、重庆，有"吊一串辣椒碰嘴巴"辣妹子的湖南，还有吃辣的"王者"江西，但还是不得不提一提无辣不欢的贵州。辣椒之所以在贵州盛行起来，一大原因是贵州缺盐。贵州不产盐，距离最近的产盐区自贡虽然直线距离不远，但在交通落后的年代，把盐运入贵州也殊为不易。盐对于当时的贵州人民，无异于奢侈品。虽然今天盐的获得已经不成问题，但黔菜的咸度仍比临近的四川、重庆明显要低，或许就是这种口味的延续。

当时的贵州人民发现辣可以代替咸，于是有了"以辣代盐"的传统。这无疑大大推动了辣椒的种植和食用。在今天的膳食指南中，少盐是极为重要的一条，用辣椒、胡椒等调料是实现"降盐不降味"的有效方法之一，而贵州人民早就在践行这一点了。

从营养的角度看，自然是新鲜的辣椒更好。不过作为调味品，经过不同工艺处理的辣椒，会产生各种不同的风味。"无糟辣，不黔菜！"黔菜的灵魂，少不了各种各样的辣椒。

在遵义人民心中，辣椒不只是辅料，它本身就是一道精美绝伦的作品。遵义有名的"全辣筵"，就是包含了用十多种不同工艺加工的辣椒，真是把辣椒做出花来了！

辣椒中有丰富的糖和蛋白质，也就有了良好的发酵基础，下面就简单介绍几种经典又好吃的辣椒做法：

1. 糍粑辣椒。把成熟的红辣椒剁碎捣烂，反复捶打，辣椒中的膳食纤维和蛋白质分子伸展开来，又互相纠缠，就像糯米糍粑一样能够成团了。"糍粑辣椒"其实跟糍粑毫无关系。它会加入盐、姜等调味，但不进行发酵，保留着新鲜红辣椒鲜艳亮丽的颜色，相当养眼。

2. 糟辣椒。把辣椒剁碎之后，加入盐、酒、姜、蒜等调料，再密封起来发酵。酒和盐的防腐能力抑制了许多"不友好细菌"的生长，而密封又抑制了好氧细菌，所以糟辣椒其实是一种选择菌种的发酵过程。辣椒中的一部分糖被细菌转化成了酸，有一些蛋白质被分解，从而产生了新的风味，辣而微酸，可以长期保存。发酵程度不是很重，辣椒中的多酚化合物氧化不严重，所以基本上保留了新鲜红辣椒的鲜亮颜色。

3. 辣椒酱。它的原材料除了红辣椒，还会加入一些豆瓣、面粉等原料，发酵程度较为复杂，发酵程度也要深得多。豆瓣和面粉中的蛋白质被发酵分解，产生谷氨酸盐及一些风味多肽，就有了浓郁的鲜味。而多酚被氧化，也就使得颜色更深。比较而言，糍粑辣椒和糟辣椒中辣椒占据绝对主导，而辣椒酱中的辣椒和酱的戏份就差不多了。

4.鲊辣椒。这是贵州发酵辣椒的另一大品类。在剁碎的辣椒中加入玉米粉及盐、姜、蒜等调料，密封保存。在保存中，辣椒中的糖与玉米中的淀粉为细菌的增殖提供了条件。发酵较为充分之后（通常要一个月以上），鲊辣椒中就有了酸味。玉米粉稀释了辣椒，也就不那么辣。鲊辣椒不再是调料，而是一种食材，可以跟各种食材搭配。

螃蟹和柿子，
竟然是绝配

中国流传着许多有关食物的禁忌，关于螃蟹的尤其多，其中传播最广的无疑是"柿子与螃蟹不能同吃"。每次科普"不存在食物相克"的时候，都会有人说"你试试把螃蟹、柿子一起吃"。有次到昆山，我就决定把螃蟹、柿子一起吃给大家看。

很难考证"螃蟹与柿子不能一起吃"的说法起源于什么时候，大概当时的人们只是基于一些"经验"——基于一些个例而总结出不靠谱的"经验"，是很多经典谣言的来源。后来的人们给这条"禁忌"做了一个"科学解释"——柿子中的单宁和螃蟹中的蛋白反应，会形成不可溶沉淀而导致"胃柿石"。

"胃柿石"在医学上确实存在，也就为这条"禁忌"赋予了"科学色彩”。然而，胃柿石的形成源于单宁，而单宁是涩的 —— 柿子中是否含有“大量单宁”，舌头会立即告诉我们。涩的柿子，本来就没法吃，根本无法下咽。这样的柿子，跟任何高蛋白食物同吃 —— 甚至不需要高蛋白食物，也都可能形成胃柿石。在这里，螃蟹实在有些无辜。实际上，螃蟹虽然蛋白含量高，但一只螃蟹可吃的部分并不多，所含有的蛋白质也并不算突出。就蛋白而言，鸡蛋、牛奶、瘦肉、鱼肉等，随便一吃，摄入的蛋白都不比吃螃蟹少。

曾有科普博主们“以身试毒”，为了切实践行“螃蟹和柿子一起吃”，还特地吃一口螃蟹，再吃一口柿子。然后他们发现，柿子的口感和螃蟹相得益彰，尤其是母蟹，蟹黄稍微有点硬，嚼完之后来一口甜软的柿子，柿子的香味和甜汁正好调和。这并非结果未知的科学实验，而只是一种展示 —— 螃蟹和柿子一起吃完全没有风险，就像土豆烧牛肉一样，就是两种能吃的食物一起吃而已。

为什么吃螃蟹有那么多禁忌？为什么螃蟹是一种“容易吃出问题”的食物？原因可能有三：一是过敏原，各种甲壳类动物都是主要的过敏原，有一部分人天生就不能吃；二是螃蟹不新鲜，尤其是死螃蟹，体内会有大量组胺，摄入较多组胺会导致人体中毒；三是螃蟹的生活环境中往往有大量的寄生虫和细菌，如果没有充分做熟，就容易使人中招。

因为这些因素的存在，尤其是过去人们对此缺乏了解，就会有不少人吃螃蟹吃出问题。一旦出问题，就会牵强附会地找一个"背锅侠"，也就有了各种不靠谱的禁忌。

美人蕉，
居然也是可以吃的

广西大化有一种口感很好的粉条，煮熟的粉条晶莹剔透，弹性很好，是当地的特产，由美人蕉的根制作而成。

在大家的认知中，美人蕉就是一种高大的观赏植物，古代的文人墨客，就这样描述过它们："芭蕉叶叶扬瑶空，丹萼高攀映日红。一似美人春睡起，绛唇翠袖舞东风。"要把这么美丽的植物挖出来吃掉，多少有点焚琴煮鹤的感觉。所以，它是如何变成粉条的呢？

这种能吃的美人蕉，是美人蕉科植物中的一个种，并不是中国古人描述的那种。它原产于南美，20世纪中叶才引进中国。它的栽培需要肥沃的土壤，而大化这种贫瘠的喀斯特地区并非它的乐土。不过大化的气候合适，在贫瘠的山间找到相对肥沃的地方，它们就能够扎根于此。这种植物不喜欢积水成洼，而喀斯特地貌中的土壤储水能力低，倒也很符合它们的口味。

这种美人蕉挖出来的根被当地人称为"旱藕"，但它们长得完全不像藕，反而更像芋头，因此它们有另外一个名字——"蕉芋"。

在把这些蕉芋加工成粉条的作坊里，一个个还带着泥土气息的蕉芋被送进榨汁机，淀粉随着汁液流到大桶里，经过几个小时的静置，淀粉就沉淀了下来。重新加水悬浮，再次沉淀，淀粉中的杂质就被洗去了一部分。重复三四次之后，就可以得到纯度很高的淀粉。再把这些淀粉加水分散成合适浓度的浆液，倒在竹屉上蒸，就得到了很筋道的淀粉膜。然后把这层膜晾晒到失去大部分水，摞起来切成细条，再进一步晾干，就得到了前面提到的大化特产——旱藕粉。

从地里挖出来的蕉芋变成晶莹剔透的粉条，整个过程都离不开一个关键，那就是淀粉。

淀粉是一个个葡萄糖分子连接起来的巨大分子。有些淀粉分子中的葡萄糖是一个连着一个，成为一条长线，称为"直链淀粉"。

而有的淀粉分子像一棵大树，树干上有许多分支，支上有分叉，叉上再分小叉……这样的结构叫作"支链淀粉"。两类淀粉的结构不同导致了它们的特性相差巨大。通常的淀粉里是两类都有，二者的相对比例不同，从而导致了相应的淀粉做成食物后的巨大差异。

粉条的制作，是要在高温下把淀粉分子伸展开来，在降温的过程中重新组合形成紧密规则的网状结构，从而得到"筋道"的口感。这样的过程和结构，需要淀粉中有比较高的直链淀粉。比如著名的龙口粉丝，最好的产品是用绿豆淀粉来做的。绿豆淀粉中的直链淀粉能高达60%，得到的粉丝口感筋道，在烹饪中"久煮不烂"。不过绿豆淀粉成本太高了，后来一般用豌豆淀粉来生产。豌豆淀粉中的直链淀粉大致在35%，不如绿豆淀粉，但也比其他常见的淀粉要高。用豌豆淀粉制作的粉丝，也可以达到很高的品质。而其他种类的淀粉，比如红薯淀粉、马铃薯淀粉、木薯淀粉、玉米淀粉等，直链淀粉在20%左右，就不大适合做粉丝、粉条了。用它们来做粉丝，就需要添加其他的助剂成分，才能实现良好的口感和烹煮稳定性。蕉芋粉的直链淀粉含量在35%左右，与豌豆淀粉相当，用它来制作的粉条，品质自然不会差。

蕉芋制作的粉条虽然口味不错，但跟绿豆和豌豆淀粉制作的相比并没有明显的优势，而且它的价格也并不算低。如果除去"美人蕉的根"这个新奇卖点，它的市场竞争力着实是有限的。

你的双皮奶，
为什么总是不成功

　　双皮奶是广东著名的小吃，这道看起来并不复杂的甜点，很多人却无法成功做出。

　　让我们对双皮奶的制作过程和原理进行一番解析，如果你的双皮奶总是做不成功，不妨对照一下，看看是哪里出了问题。

　　双皮奶的制作最好使用水牛奶。双皮奶的"皮"，是脂肪颗粒上浮到表面后，包裹着脂肪颗粒的蛋白质互相交联而形成的。与大家通常喝的牛奶相比，水牛奶的蛋白质和脂肪含量更高，脂肪颗粒更大，因而更容易结皮。大家通常喝的牛奶经过了高压均质化处理，目的是避免脂肪颗粒上浮分层，所以几乎无法形成奶皮。如果想要用普通牛奶来制作，那么可以尝试用全脂牛奶并在其中加入一些奶油。

蛋白质的交联主要是依靠蛋白质分子中的疏水基团。在正常情况下，疏水基团埋在蛋白质分子内部。通过适当加热，可以让一些疏水基团暴露出来，从而增加蛋白质的表面疏水性，有利于交联。在牛奶蛋白的变性研究中显示，过于充分的加热让蛋白质完全变性，表面疏水性并不是最高的，反而是"部分变性"效果最佳。在双皮奶的制作中，把奶加热到许多小气泡出现的"微沸"状态就停止加热了。前人总结出这样的经验，是经过反复优化得到的"优化条件"，还是觉得加热到这个程度就可以了而没有必要继续加热浪费火力，就不得而知了。

先将经过加热的水牛奶倒在碗中放置，过一会儿就出现了一层"奶皮"。所谓的"双皮"，是因为还有一层皮在碗底。然后挑破奶皮，倒出没有成皮的奶。

双皮奶凝固的核心并不是奶，而是加入的鸡蛋清。加入的蛋清需要充分打开。鸡蛋清中有许多黏蛋白，如果没有充分"均质"，加入奶中容易聚集在一起而不散开，就不能形成质感均匀的"奶胶"了。双皮奶的制作中是用手工打散，直到蛋清成为均匀的液体。

打好蛋清后，制作者需要判断牛奶的温度，等温度降到合适，才能把均质后的蛋清倒进去，并继续搅拌。为了调味，还可以加入一些糖。

在这个步骤中，温度很重要。之前牛奶是热的，高温也有利于白砂糖的溶解。但是鸡蛋在57℃以上就会凝固，如果牛奶温度比这高，倒入蛋清还来不及混合均匀，就会出现蛋花。在传统工艺中，师傅是用手触摸容器来判断温度。从工艺控制的角度，用温度计无疑要精确得多，不过显然会少了许多"情怀"。当然，更重要的原因是只要温度降下来就可以，并不需要精确控制到某个温度，用手摸这种"原生态"的测温方法也就足够了。

鸡蛋清的起泡性能无出其右，加入牛奶中进行搅拌，很快出现大量泡沫。一方面，需要充分搅拌让鸡蛋清溶解到水中；但另一方面，起泡对于双皮奶的形成毫无意义。所以，蛋清充分溶解之后，需要用网筛滤掉泡沫。然后再将滤出来的"牛奶糖蛋液"倒进底部有了一层奶皮的碗中。

双皮奶的"双皮"，基本上只是一种"网红属性"，对于食物本身并不是那么重要。双皮奶的主体，其实就是牛奶稀释蛋清做出来的"无蛋黄牛奶鸡蛋羹"。跟鸡蛋羹一样，让"牛奶糖蛋液"凝固，最好还是需要上锅蒸来完成。

体验"中国最性感的包子"，
用分子美食的眼睛去探索它的秘密

靖江的蟹黄汤包，包子很大，皮很薄，里面装满了汤。因为皮薄汤多，晃动笼屉，可以看到包子们随之翩跹舞动，被大家称为"中国最性感的包子"。

把热包子从笼屉里移到碟子里也是技术活，需要戴着一次性手套的服务员来完成。不熟练的手，很容易把包子弄破，就会汤水四溢了。据说乾隆下江南在靖江吃汤包，就把汤洒到了胳膊上。因为汤味太鲜美，乾隆虽没有生气，但也觉得丢人，所以这位爱好四处留墨的皇上并没有为汤包题词。此类的民间传说很多真假难考，不过靖江人民显然乐意把它作为吃汤包时的笑谈。

中国许多地方也都有汤包，有些是插入吸管来吸汤的，而靖江则是直接用口咬出一个小孔来喝汤。南园的大师傅陶晋良老先生是蟹黄汤包的非遗传承人，展示了吃汤包的正确姿势：轻轻提，慢慢移，先开窗，后喝汤。跟其他包子相比，它更像是一碗海鲜汤，只是装在了可以吃的面皮袋子里而已。

靖江汤包很大，标准是直径11厘米，3两左右。这么大的包子，移动和喝汤都不方便。就食品本身而言，这并不是一种合理的设计，尤其是不符合现代人快节奏的餐饮习惯。但是，食品并不仅仅是为了吃，还可以有好看好玩的特性，就汤包而言，个头大了就更好看，吃汤包的仪式感本身也是体验的一部分。除了汤包晃动时的翩翩起舞，食客们还可以吹汤包玩，给包子做"人工呼吸"。

靖江汤包里，其实体现着一个个食品工程原理。

先说包子皮。靖江汤包的皮很薄，一个包子需要的面团只有通常的饺子皮那么大，需要擀得很薄很大，才能装下近三两的汤。这不仅需要面团有很好的延展性，更重要的是需要很好的机械强度。包这种包子只能用高筋面粉，和面的时候还要加入碱和盐，再充分揉面。面粉中有面筋蛋白，这是一种疏水氨基酸含量很高的蛋白，不溶于水。在和面的时候吸足了水，在揉面的过程中伸展开来，来自不同分子的氨基酸凑在一起，"勾肩搭背"形成紧密的连接。所有的面筋分子互相牵扯纠缠，形成巨大的网络，把淀粉分子网罗其中，就形成了面团。面团的机械强度，主要取决于这些面筋蛋白间的纠缠程度。高筋面粉中的面筋蛋白含量高，碱和盐的加入又促进了它们的伸展和交联，于是就得到了高强度的面团。如果把擀好的包子皮包成一个空包子，它还可以像气球一样吹起来，可见其延展性和机械强度之好。

包子中的汤自然不能是直接灌入。聪明的先人发现了猪皮熬成的汤在室温下会凝固、在高温下熔化的特性，把猪皮熬化溶解，凝固成冻，就可以包进包子皮中。换句话说，汤包的制作是把皮冻作为馅儿包好，等到包子蒸熟，皮冻化成了汤，于是成了汤包。猪皮的主要成分是胶原蛋白，胶原蛋白也是高度疏水的蛋白质，只有在高温下长时间加热，才勉为其难地伸展开来，溶解到水中。但温度下降，它们却也无法回头，而是不同的分子之间互相连接形成凝胶，就成了皮冻。皮冻是一种很分裂的食物，它的一个"马甲"是"胶原蛋白"，被很多女士作为美容护肤的圣品追捧，另一个"马甲"是"明胶"，因为食品添加剂的身份而被极度嫌疑甚至口诛笔伐。

纯的皮冻是无色无味的，只能作为汤的载体，汤的风味是由加入的材料来决定。陶师傅说，汤包风味如何，熬汤最关键。蟹黄汤包自然是要加入蟹黄，没有蟹黄的季节，也要加入蟹肉。早期的汤包，甚至还有加入猪肉的。除了蟹黄，也有用其他河鲜做成的"河鲜汤包"，甚至还有蔬菜汤包。

一个汤包上的褶子，应该在28～35道。这些褶子并不仅是为了美观，它们还担负着"减震"的功能。包子很大，皮很薄，里面还是液体，受到外力的冲击震荡时就很容易破裂。而这些褶子，就像弹簧一样，可以吸收消解外力的冲击，从而保证包子的完好。当然，褶子也并非越多越好，因为褶子的头部要汇在一起收口，褶子太多就会使收口的部位比较厚而不容易蒸熟。

童年记忆中的"敲麻糖"

现在零食吃得发腻的一代人大概是无法理解上一代人的"麻糖情结"。它是全国各地都有的传统零食，"麻糖"或许只是四川西部某些地区的叫法，在许多地方叫作"饴糖"，甚至还有更"学术"一点的名字，叫作"麦芽糖"。

在四川，"麻糖"中的"糖"字念成一声，听起来像"麻汤"。经常是在天气晴朗的傍晚，"敲 —— 麻汤 ——，敲 —— 麻汤哦 ——"的声音远远传来，大大小小的孩子们就循声而去，聚集在某家的门前。其实多数孩子也只有看的份儿 —— 在20世纪八九十年代，一两毛的零花钱对于孩子们来说，已经算是很奢侈了。

碰巧有哪个孩子能够拿出一毛钱，小贩就会打开他的容器，从金黄色的豆粉中捞出一根麻糖。然后拿起一个小锤子，"啪"的一声，敲下一块。不用称来定量，大小全凭小贩那一"敲"。于是，在其他孩子羡慕的眼光中，那个幸福的孩子会接过那块麻糖，但却往往不舍得立刻吃掉，要拿在手里把玩很久。麻糖在手中会慢慢变软，然后可以拉出各种形状。或许"敲麻糖"的快乐，也在于此。

实际上麻糖的生产并不复杂：让麦子（大麦或者小麦）发芽，长到一定时候把麦芽收割切碎作催化剂。另一方面，把玉米或者糯米这些原料进行浸泡、蒸熟，与麦芽混合。几个小时之后，压榨这种混合物，就可以收集到麦芽糖汁了。

这样榨出来的糖汁水分比较高，可以进一步熬煮变干，甚至加入一些蔗糖使之变得更甜，也可以使颜色更加诱人。最后，熬好的糖放入炒熟的大豆粉中放凉变硬，就可以拿出去"敲"了。

玉米或者糯米等原料都是不甜的，为什么经过这个制作过程就能"变出"甜的糖来呢？

从分子水平上来看，这些原料中含有大量淀粉，而淀粉是由一个个葡萄糖分子连接而成的。麻糖的主要成分是麦芽糖，麦芽糖是两个葡萄糖连在一起形成的。那么，无数个葡萄糖分子连接在一起的淀粉，是如何变成两个两个一组的麦芽糖，而不是一个或者三个的呢？

在自然界中有一些特定的蛋白质，可以催化发生特定的生化反应，这样的蛋白质被称为"酶"。有一类酶可以把淀粉分子切成小段，就叫作淀粉酶。在淀粉酶中，"老大"阿尔法淀粉酶功力比较深厚，可以攻击淀粉分子的任何部位，从而切下任意数目的葡萄糖。不难想象，它的作用就是很快地把一条很长的葡萄糖长链切成一个个的短链。切得不充分的时候，这些短链含有三个、四个甚至更多的葡萄糖，被称为"淀粉糊精"。而切得很充分的话，就会含有大量单个葡萄糖，被称为"玉米糖浆"。因为葡萄糖占了主导，也被称为"葡萄糖浆"，其实它跟葡萄一点关系也没有。这实在是很有趣的一件事情，分别叫作"葡萄"和"玉米"的糖浆，指的居然是同一种东西。

显然，靠这个阿尔法淀粉酶做不出麻糖来。而淀粉酶家族中还有"老二"叫作贝塔淀粉酶。虽然它也是把淀粉中的葡萄糖连接切开，但是干活比较精巧，每次都整整齐齐地切下两个 —— 连在一起的两个葡萄糖，正好就是麦芽糖。

这种可爱的酶在麦芽中含量很高，或许是因为最初的麻糖都是用麦芽作催化剂做出来的，所以"麦芽"也就获得了这种糖的冠名权。有趣的是，中国人在完全没有"酶"这个概念的时候就形成了做麦芽糖的成熟经验。把麦芽切碎的时候，酶也就被释放了出来。而把玉米或者糯米进行浸泡、蒸熟，可以让其中的淀粉颗粒充分吸水、膨胀而打开淀粉分子的紧密结构，从而有利于酶分子来切断它们。

实际上，麦芽中除了贝塔淀粉酶，也还有一些阿尔法淀粉酶及其他的酶。所以，这样得到的"麻糖"并非全是麦芽糖，也还含有一些葡萄糖和小分子糊精。要获得高纯度的麦芽糖，就需要采用现代工业技术进行精确控制了。不过，对于传统小吃来说，这种不精确，或许正是其原生态的魅力来源。

淀粉酶中还有一个"老三"叫伽马淀粉酶，功力就更差一些，一次只能切下一个葡萄糖分子。当然，慢工出细活，它可以把淀粉最终都变成葡萄糖。实际上，"玉米糖浆"的生产中就需要由它来完成扫尾工作。而在麦芽糖的生产中，就需要减少它的存在。

现在，各种各样的糖层出不穷，"麻糖"这样的传统零食对于孩子们也就逐渐失去了吸引力。或许，它只是一代人心中对童年的美好回忆吧。

第三章

食物『好吃』的秘密

菠萝为什么要用盐水泡？
你看过的答案可能都是想当然

菠萝是一种很受人们欢迎的水果。而关于吃菠萝，几乎所有的人都会说"切开之后用盐水泡过才能吃，否则会扎嘴"。这个说法不仅在中国流行，在外国也很流行。

至于为什么泡了盐水就不扎嘴，网上有各种解释，最常见的说法是：菠萝中有菠萝蛋白酶，直接吃会破坏口腔黏膜从而产生扎嘴的感觉；通过盐水浸泡使菠萝蛋白酶失去活性，就不会再扎嘴了。这种解释被广泛接受，但原理真的就是这样吗？

实际上，工业生产中提取菠萝蛋白酶的时候，用的就是盐水作为溶剂。也就是说，加盐并不会让菠萝蛋白酶失去活性。所谓"蛋白酶失去活性所以不扎嘴"，只是牵强附会的猜测。

那么，"盐水泡过的菠萝不扎嘴"，到底是不是真的？如果是真的，又是什么原因呢？

新西兰研究者在1990年发表的一项研究可以作为参考。

当然，新西兰盛产的是猕猴桃，他们的研究感兴趣的也是猕猴桃。猕猴桃跟菠萝都含有蛋白酶，还含有丰富的草酸。研究起源于一些猕猴桃的深加工产品会出现扎嘴的现象。研究者认为，蛋白酶在加工过程中被破坏到了可以忽略的地步，出现扎嘴不应该是酶的原因。他们观察到猕猴桃中存在大量的草酸钙的针形结晶体，认为这才是扎嘴的"罪魁祸首"。为了验证这一假设，他们把猕猴桃中的草酸钙针晶提取出来，按照一定的浓度加到苹果泥中让志愿者去品尝——志愿者的反馈是，确实尝出了扎嘴的感觉。

2002年，有新西兰学者进一步研究这个问题。他们也是从猕猴桃中提取了草酸钙针晶，然后测试了酸、蛋白酶和针晶含量对扎嘴感的影响。结果是增加酸度，扎嘴感会增加，甜味会下降；提高针晶含量，酸味没有受到影响，扎嘴感明显增加，而甜味也下降了；而加还是不加相当于猕猴桃中天然含量的酶，对于酸度、甜度和扎嘴感都没有影响。

菠萝不是猕猴桃，不过菠萝中也含有大量的草酸钙针晶和蛋白酶。因此，参考猕猴桃的实验，对菠萝应该有类似的结果。

确定了草酸钙针晶是扎嘴的原因，也就能够理解菠萝泡盐水以及其他的解决办法。草酸钙针晶是水中的草酸钙超过了饱和浓度之后形成的——增加它的溶解度，就会减少针晶的形成，也就不扎嘴了。有研究探讨过草酸钙针晶的溶解特性，结果是在水中加盐，会明显增加针晶的溶解；温度升高，也有利于针晶的溶解。

也就是说，不管是加盐还是加热，都可以减少针晶，也就能够减少扎嘴感。在加热的时候，只要加热到比较高的温度，就可以显著地降低扎嘴感。实际上，菠萝蛋白酶需要很高的温度才会失去活性——在工业应用中，菠萝蛋白酶通常是在60℃左右使用，这个温度下的酶活性更高。而通常对菠萝，我们随便加热一下未必能够达到菠萝蛋白酶的灭活温度，反而可能让它的活性更强。如果菠萝蛋白酶是扎嘴的原因，那么这样的加热反而会让它更加扎嘴。这个现象，也佐证了菠萝蛋白酶只是扎嘴的"背锅侠"。

1998年，日本有一项研究探索过猕猴桃中的草酸钙含量。研究者发现，品种和生长期对于草酸钙的含量有显著影响。比如黄心的猕猴桃，就比绿心的草酸钙含量低。在同一个品种的生长后期，草酸钙的含量会逐渐下降，所以成熟的猕猴桃草酸钙含量更低，也就不那么扎嘴。

　　我没有找到针对菠萝中的草酸钙针晶的研究，从常理来看应该跟猕猴桃有类似的结论。也就是说，不同品种的菠萝，其中的草酸钙针晶含量会明显不同，有一些优良品种的草酸钙含量本来就低，那么泡不泡盐水、加不加热，也都不会扎嘴。同一个品种的菠萝，如果不够成熟，酸含量高，针晶含量也高，就会很扎嘴——对于这样的菠萝，通过盐水泡减少草酸钙针晶的形成，然后漂洗去掉，也就不那么扎嘴了。当然，更有效的办法还是加热，比如用菠萝来炒菜或者做成菠萝饭，这样处理的话，什么样的菠萝都不会扎嘴了。

对于春笋的"鲜嫩"，
你可能有着深深的误解

在许多食客的笔下和美食节目中，春笋是一种"鲜甜脆嫩"的食物。随着物流的发达，许多人也能轻易地从超市或者网上买到新鲜的竹笋。然而吃过之后，人们似乎也觉得不过尔尔，跟美食家们描述的相去甚远。

套用一句名言：你觉得竹笋不好吃，可能只是因为你吃过的竹笋不够好。

那么，什么样的竹笋才好呢？我们从竹笋的生化特性说起。

你以为的"鲜嫩"，很可能只是徒有其表

竹笋的鲜嫩来源于其中的游离氨基酸和糖，尤其是谷氨酸和天

冬氨酸，是竹笋鲜味的来源，而糖则赋予了它们清甜和脆嫩的口感。随着竹笋逐渐长大，氨基酸分解或者转化成了别的物质，而糖转变成了纤维，于是鲜甜脆嫩都逐渐消失，最后成了竹子。

竹笋的生命活动极为旺盛。当竹笋被采收，氨基酸和糖的形成被终止了，而它们的转化却在继续，甚至更为旺盛。有研究测试过竹笋采收后的呼吸作用，发现在5小时后甚至会出现一个高峰。所以，很多看起来很"原生态"的竹笋，只是"曾经鲜嫩过"，无论用多快的快递，送到买家手中时都已经"再回首已是百年身"—— 氨基酸已经大量分解，糖也大量纤维化，能够嚼得动，就算是不错的了。

生笋保鲜，农学家们的无奈

其他的蔬菜水果，经过适当的处理，都可以相当好地实现"保鲜储存"。

对于竹笋，农学家们也试图去实现保鲜的目标。比如抽气速冻冷藏、化学试剂保鲜、气调仓库保存等，虽然有一定的帮助，然而效果有限，局限却很多，也没有商业化应用前景。

在创口上涂一层"保护膜"，大概是目前能够采取的措施。不过，涂膜本身就增加了操作，而效果也仅仅是有一定帮助而已。此外，涂的膜（比如壳聚糖）也容易使细菌滋生，如果商贩们涂其他"非食用物质"，就更不好说了。更重要的是，涂膜完全破坏了生竹笋的"原生态"形象，是卖家和买家都不愿意的事情。

最原始的办法，却是最有效的

在竹笋产区，农民们卖笋，往往是采收竹笋回家，尽快去壳、煮透，泡在凉水中，然后第二天拿到集市上卖。

这个煮透的过程，在食品行业里也被叫作"杀青"——与茶叶制作过程一样，通过杀青，把竹笋中的酶灭活，终止了生化反应，才能阻止糖的纤维化和氨基酸的分解。

杀青的作用不仅于此。竹笋中通常有相当多的草酸和氰苷，不仅会给食客带来涩的口感，而且也不利于健康。杀青过程中的长时间炖煮，能够充分地去掉它们，既保障安全，又改善口感。

这个"不新鲜"的操作，才能够保住竹笋的"鲜"。

杀青之后，如果只是泡在清水中，可以让风味口感保持几天。

当然，如果放在冰箱里，能保持更长的时间。如果想要保持再久一些的时间，就需要使用"保鲜液"，比如盐、柠檬酸及亚硫酸盐等。在我们国家的标准中，有很多保鲜剂可以使用，如何搭配它们，既遵守国家标准，又尽可能延长保质期，还对风味口感的影响尽可能小，是许多科研院所和加工厂家都在努力的事情。

总体而言，这样加工保存的竹笋，虽然跟"采收即杀青，然后就烹饪"的比起来还有相当差距，但相比于放了几天的"带壳生笋"，还是要好得多了。

识别笋的品质高低

出土时间越短的竹笋，氨基酸和糖的含量越高，纤维越少，风味口感也就越好。

刚出土的时候，笋的节间距比较短，笋壁比较厚，颜色接近黄白。竹笋的形态与风味特色跟竹子种类关系很大。对于同一种竹子的笋，采收得越晚，节间距就越长，笋壁逐渐变薄变硬，慢慢出现绿色。这样的笋，笋尖部分还是可以吃的，但品质就不如出土时间短的了。

最后还是要再提醒大家一下，即使是在保鲜液中，竹笋还是会慢慢发生变化的。随着竹笋的颜色由明亮的黄色逐渐变白变暗，就意味着它的鲜甜风味在逐渐消失，就会不好吃了。

空气炸锅，
为什么炸不出油炸的风味

在与生俱来的饮食偏好中，油炸食品是大多数人都喜欢的。在后天因素的影响下，比如家庭饮食习惯、健康认知等，有的人会克制自己的欲望——时间长了，会变得不喜欢油炸食品。

随着人们健康意识的提高，"油炸食品不健康"的理念也逐渐普及。确实，油炸食品往往伴随着高脂肪和相当含量的丙烯酰胺等可能有害健康的成分。即便是选择了油炸食品的人，通常也知道它不健康，只是在美味与健康的纠结中败给了舌尖。

空气炸锅的出现似乎给人们带来了一个两全其美的解决方案。所谓"空气炸"，就是不用油，而是通过操控空气的温度与流动去模拟油炸的效果。

本质上说，空气炸锅其实跟烤箱更为接近 —— 只不过它的热空气是受控流动的，传热效率会比传统的方式更高。

油炸的本质，是以高温的油作为介质去加热食材，而空气炸锅则是把热空气作为介质 —— 既然都能够达到足够的温度，也能够通过对流高效地传热，"空气炸"是否就能完美地代替油炸呢？

从消费者的使用体验来看，有的食材 —— 比如那些油炸半成品，或者本身含油量较高的食材，"空气炸"的效果尚可；而那些本身含油量较低的食材，"空气炸"就相形见绌了。但不管什么食材，不管多先进的空气炸锅，不管多么高明的厨艺，都只能说"可以做出比较好吃的食物"，但这种"好吃"跟真正的油炸还是有着明显的不同。

这是因为在油炸的过程中，油并不仅是加热介质，它也要参与风味的形成。

很多人都知道油炸食品的特有香味来自美拉德反应。美拉德反应是一系列极为复杂而且不确定的化学反应，基本的反应物是糖和氨基酸，碳水化合物和蛋白质也会是糖和氨基酸的供体。在高温下，糖和氨基酸会发生多步、多方向的反应，中间会生成许多"中间产物"。这些中间产物会相互继续反应，也可能与其他物质发生反应，最终生成"类黑素"让食物呈现焦黄亮丽的颜色，同时释放出多种挥发性的分子产生诱人的香味。

食用油是甘油脂肪酸酯，分子中含有脂肪酸。一部分脂肪酸是饱和的，稳定性比较好；另一部分脂肪酸是不饱和的，容易发生氧化。脂肪酸氧化也是一系列复杂而且不确定的反应，跟美拉德反应一样，生成的中间产物会继续互相反应，也能与其他物质发生反应。

于是，在油炸食品中，美拉德反应和脂肪酸的氧化反应同时存在，它们的中间产物会互相进入对方的反应体系中。或者说，糖、氨基酸和脂肪酸，形成了一个集成美拉德反应和油脂氧化反应的更为繁杂的反应体系，最终形成了油炸的特有风味。

脂肪酸氧化对于油炸风味的影响，并不是确定的"好"或者"坏"。不同的油其脂肪酸组成不同，在高温下氧化产生的产物也就不同。此外，其他杂质的含量对于油脂的氧化也有一定的影响。有的氧化产物会让风味更好，而有的氧化产物则让风味更差。餐饮行业早已发现，不同的油炸出来的食物风味并不相同。比如同样的食材，用猪油或者花生油炸出来，会比用大豆油炸出来的更香。不用油的"空气炸",风味跟炸出来的差别明显,也就很容易理解了。

大型连锁餐饮企业面临的一大挑战,就是要保证油脂的稳定性。早些年,快餐行业普遍使用氢化植物油,配方与工艺也都是基于氢化植物油来开发优化的。后来发现氢化植物油中的反式脂肪有害健康,不再使用是大势所趋。监管机构并没有一步到位地禁用,而是给了相当长的时间作为过渡,促使行业逐渐淘汰氢化植物油。最大的原因就在于如果贸然禁止,餐饮行业一时间找不到合适的替代品来保证产品的平稳替换,对于经营者和消费者都没有好处。后来,食品科学家们通过各种努力,通过调配油的组成、改进油炸的工艺,现在已经很好地完成了替代 —— 不再使用氢化植物油来炸食品,且消费者几乎感觉不出差异。这时候,禁用也就没有难度地实现了。

在现实操作中,人们还发现,使用过一定时间的油,比新油炸出来的风味还要更好一些。原因在于,油在使用中积累了一定量的氧化中间产物,而这些产物参与到美拉德反应中去,对于风味物质的形成与组成产生了积极的作用。但如果使用的时间过长,积累的那些中间产物自身的风味发生改变,或者再次参与到美拉德反应中，对于风味的形成就可能会起到消极作用了。

　　所以，大型的油脂供应商及快餐企业，会深入研究不同的油在不同的油炸过程中发生的变化，从而掌控它们对于风味的影响，并且跟踪有害副产物的变化，从而让油炸食品能够在成本、风味与安全性之间，获得最佳的平衡。

不是所有的山西醋，
都能叫作老陈醋

俗话说"自古开门七件事，柴米油盐酱醋茶"。作为调料的醋被列为"生活刚需"，足见古人对它的重视。

跟其他的食物一样，虽然核心成分相同，但不同地域的醋有着鲜明的地域特色，以至于"哪个地方的醋好"经常会引起各地人的争执。

不过，无论如何争执，山西老陈醋始终都拥有超然的地位。

醋是如何酿出来的

醋的核心成分是醋酸。所谓"酿醋"，就是把粮食中的淀粉分解成糖，再转化为酒精，最后进一步转变为醋酸。这一串的生化反应，是由不同的微生物来完成的。在完全不懂微生物发酵和生物化学的古代，人们能够把粮食酿出醋来，不知道经历了多少的摸索和失败。

酿醋的关键是"曲"。曲是霉菌和酵母等发酵微生物的混合物。霉菌产生各种酶，其中的淀粉酶把淀粉水解为糖，而酵母菌把糖发酵成酒精，最后酒精又被醋酸菌发酵，转化为醋酸。

只要是富含淀粉的粮食，就可以酿造出醋来。所有的醋酸都是一样的，但醋并不仅有醋酸，还有很多其他的风味成分，比如乳酸、葡萄糖酸、琥珀酸、氨基酸、糖等风味物质。不同的原料、辅料、发酵的微生物和发酵的工艺条件，会使得这些风味物质的种类和数量各不相同，也就产生了千姿百态、风情各异的醋。

山西老陈醋是如何酿出来的

山西老陈醋的主要原料是高粱和麸皮，稻壳和谷壳作为辅料，而发酵所用的"曲"则是用大麦和豌豆制作的。

第一步是把高粱粉碎，加上辅料、水，上蒸锅彻底蒸熟。在这个过程中，蛋白质、纤维和淀粉都充分地吸水、膨胀、变性，便于微生物及它们产生的酶与原料充分混合，均匀快速地发生反应。

　　将蒸好的原料从锅里转移出来，摊开冷却，然后加入大曲混合均匀，就开始了发酵。在发酵过程中，微生物迅速生长，会消耗掉氧气，释放出热量。如果不及时翻动，原料内部就会缺氧而影响发酵，温度过高又会抑制微生物的生长。所以，在长达十多天的发酵过程中，要持续不断地翻动原料，在降温的同时也保证微生物的供氧充足。

　　发酵完成之后，原料中就有了大量的醋酸及其他发酵产物。山西老陈醋有一个特色步骤叫作"熏醅"，就是把发酵完成的原料装进大缸，放在火上烤。发酵混合物中有糖、氨基酸及各种多酚化合物，在高温下会发生美拉德反应及多酚氧化，从而给醋带来红棕到深褐的颜色，并产生各种新的风味物质。

　　经过多日的熏醅，醋酸及各种风味物质就基本形成了。这时候，它们还存在于发酵原料的固体中，需要用水把它们"淋出来"。这道工艺，被称为"水淋"。在物料中加入开水，充分混合洗涤之后，用筛子把液体沥到锅里，就得到了初级的醋。在其中加入花椒、大料等不同的调料，就能让醋具有不同的风味。

这样的工艺过程，使得醋中含有一些沉淀物。现代工艺生产的醋中不应该有沉淀，而山西老陈醋中就难以避免。这个稍微有点影响视觉效果的现象，也就算是"传统工艺"的特色了。

淋出来的醋中含水量比较高，还需要进行晒醋。通过"晒"，蒸发掉相当一部分水，从而使醋得到浓缩，风味也就变得浓郁。老陈醋有"伏晒"和"抽冰"的说法——在夏天，开缸暴晒；在冬天，捞结成的冰块。两个操作，都会去掉相当多的水分。

这样得到的醋，还需要封装起来"陈酿"。在保存过程中，醋中的各种有机分子之间还会进一步发生各种复杂多样的反应，最后形成各种香味协调、口感浓稠、色泽亮丽的产品。

并不是山西所有的醋都能称为"山西老陈醋"

前面所说的是山西老陈醋的原料和生产工艺流程。从广义的概念上说，这样生产出来的醋就能算是"山西老陈醋"了。不过，在现代社会中，会对这种具有浓郁地方特色的产品进行"品质保护"，也就会形成"地理标志产品"。

目前的山西老陈醋有一个国家推荐标准《地理标志产品 山西

老陈醋》（GB/T 19777—2013）。它是由山西老陈醋的主要生产厂家制定并由政府通过后实施的。虽然不是国家强制标准，但如果一款产品要叫作"山西老陈醋"，那么就应该执行这个标准。

这个标准比其他的食醋标准要高。比如普通食醋的总酸含量要求是不低于3.5克/100毫升，而山西老陈醋的要求是不低于6克/100毫升。在这个酸度下，相应的pH值在3.6~3.9，自带足够的防腐能力，也就不需要额外添加防腐剂了。

此外，标准中还制定了一些普通食醋没有的指标，比如氨基酸态氮含量不低于0.2克/100毫升，食盐含量不低于2.5克/100毫升，总黄酮含量不低于60毫克/100克，川芎嗪（四甲基吡嗪）含量不低于30毫克/升等。氨基酸态氮是原料中的蛋白质被分解产生的，为醋带来鲜香的风味；而黄酮和川芎嗪更是山西老陈醋的发酵工艺中产生的特征成分，含量达到要求，说明原料和工艺都符合山西老陈醋的生产标准。

其实，即便前面的这些条件都满足，也只有在"地理标志保护"区域内生产的醋，才能算是"山西老陈醋"。这个区域，只限于山西中部的10个区县。

其他醋与山西老陈醋的不同

除了山西老陈醋，中国还有许多著名的酿制食醋，比如镇江香醋和保宁醋。

跟山西老陈醋相比，镇江香醋的主要原料是糯米。在工艺上，它没有"熏醅"的步骤，而是有一步叫"陈酿"。在发酵结束之后，发酵混合物会被密封起来，在隔绝空气的条件下放置一个月左右。在这个"陈酿"过程中，发酵混合物中的酸和醇会发生酯化反应，产生的酯类会带来香味，从而成为"香醋"。

在淋醋的时候，镇江香醋会加入"炒米色"。所谓"炒米色"，就是把大米炒熟，发生"焦糖化反应"，用热水提取其中的可溶性成分。除了颜色，炒米色也会带来相应的风味成分。

最后，镇江香醋会有一步"煎醋"的操作，就是把淋出来的醋煮沸灭菌，再进行灌装密封，从而能够长期保存。

保宁醋产于四川，是跟山西老陈醋和镇江香醋齐名的名醋。在原料上，保宁醋跟山西老陈醋和镇江香醋也都不同，主要以麸皮、小麦和大米等为原料。不过它最大的特色，是用"中药制曲"——据称总共用了70余种中药，因而称为"药醋"。这些中药的"有效成分"是否对健康真有好处，或者其含量是否足够产生药效，且不去讨论，对醋来说，重要的是它们往往也具有各种风味物质，能为保宁醋带来与众不同的风味。

从化学的角度看，醋的制作过程是粮食中的淀粉被分解成糖，再发酵成酒精，最后转化成醋酸。如果直接用糖而不用粮食，那么发酵会更为简单。比如各种果汁中的碳水化合物就已经是糖，不再需要淀粉酶来分解了。用果汁发酵制作的，就是各种"果醋"。不同的果汁，带有各自特征的水果风味，也就产生了各具特色的"果醋"，比如苹果醋、凤梨醋、葡萄醋等。这些醋因为原料的颜值高、形象好，风味也有自己的特色。如果说粮食酿制的醋像"老戏骨"一样带着厚重的积淀，那么各种果醋就像"小鲜肉"一样青春靓丽，很容易吸引大量的粉丝。

如果直接用酒精来发酵，就能得到"白醋"。此外还有一些连发酵都省了，直接拿食品级冰醋酸来"配制"，也可以得到白醋。相比于粮食或者果汁发酵得到的醋，白醋的风味很难达到其丰富程度，但无色透明，在一些特定的凉菜和沙拉中也会有颜值上的优势。

童年挥之不去：
荔枝蜜里真有荔枝香味吗

小学课本里有一篇《荔枝蜜》，其中有一段描述是这样的：

吃鲜荔枝蜜，倒是时候。有人也许没听说这稀罕物儿吧？从化的荔枝树多得像汪洋大海，开花时节，那蜜蜂满野嘤嘤嗡嗡，忙得忘记早晚，有时还趁着月色采花酿蜜。荔枝蜜的特点是成色纯，养分多。住在温泉的人多半喜欢吃这种蜜，滋养精神。热心肠的同志为我也弄到两瓶。一开瓶子塞儿，就是那么一股甜香；调上半杯一喝，甜香里带着股清气，很有点鲜荔枝味儿。喝着这样的好蜜，你会觉得生活都是甜的呢。

在中国，荔枝在各种水果中有着别样的号召力，毕竟前有唐玄宗为博美人一笑而动用国防体系送荔枝，后有被发配的苏东坡因为有了荔枝而"不辞长作岭南人"，两位代言人都堪称历史上的"顶流大V"，其影响力是历史级的。

不仅如此，荔枝的"周边"也具有了极高的吸引力。比如广东到处有烧鹅，而大岭山的烧鹅则因为用"荔枝柴"来烧而获得了额外的人气。

但荔枝蜜，真的像杨朔描述的那样"很有点鲜荔枝味儿"吗？

我们从蜂蜜如何形成说起。

花在盛开的时候，会分泌一些花蜜。花蜜中主要有果糖、葡萄糖、蔗糖及其他几种多糖，还有少量的氨基酸及酚类、酯类、醇类、醛类等有机物质。这些物质中有一些具有挥发性，具有各自的特定气味。不同的花所分泌的花蜜中，这些物质的种类和含量有所不同，也就形成了具有各自特征的花香。花香对于植物的意义在于：吸引蜜蜂、蝴蝶等昆虫来采集，将花粉沾到它们的身上并带到其他的花上，从而实现花粉的传播。所谓的"招蜂引蝶"，对于植物来说，是繁衍生息过程中不可或缺的过程。

蜜蜂是一种社会性的动物，一部分工蜂会飞到附近的花丛中去采集花蜜 —— 这些蜜蜂被称为"采集蜂"，它们飞到花朵上，舌头形成一个细长的小管，伸入花朵深处吸取花蜜，然后在花蜜中注入消化液，储存到腹部的蜜囊中。消化液的作用，主要是把蔗糖和各种多糖分解成葡萄糖和果糖。回到蜂巢，采集蜂把蜜囊中的花蜜吐在巢房里，交给"在家工作"的内勤蜂继续细致"加工"。内勤蜂进一步注入消化液，让花蜜中的糖继续分解转化。同时，内勤蜂把这些花蜜不断地吐出、吸入、吐出、吸入……持续扇动的翅膀加快了水分蒸发，花蜜不断浓缩，最后糖含量从百分之十几（甚至更低）增加到了80％以上，蔗糖及各种多糖也分解成了葡萄糖和果糖，花蜜也就变成了蜂蜜。

在这个过程中，花蜜中的那些"花香物质"，有一些随着水的蒸发消散了，也有一些挥发性不那么强的保留了下来。其中的酚类物质对蜂蜜的影响比较大，有一些不仅产生风味，还会发生氧化而产生颜色。所以，从蜂蜜的颜色深浅，可以大致推测蜂蜜中的酚类物质的含量。而荔枝蜜大抵是酚类物质含量比较低的蜂蜜种类，所以颜色比许多蜂蜜要浅一些。

从这个过程不难看出，蜂蜜中会留下一些跟花蜜有关的风味成分，但经过了酿蜜过程的蒸发，它的香气跟相应的花香并不一致。杨朔品尝的"鲜"荔枝蜜，相对而言或许还保留着更多的风味物质，所以风味更显著一些。等到放"陈"了，或者经过了进一步的加工，那么风味物质还会进一步下降。

不仅荔枝蜜如此，其他各种"单一蜜源"的蜂蜜也是如此。有着各自特征性的风味，但跟各自的花香也还是有相当大的差别 —— 而跟相应的水果相比，风味又差了一层。

当然，杨朔所描述的，并不是设计严谨的"盲品"，而是已经知道是荔枝蜜之后的"主观验证"。打开瓶子，"香"是必然的，但"甜"是味觉，其实需要到了舌头上才能尝到。而"调上半杯一喝"，甜会占主导，香就成了辅助。至于"带着股清气"，就更多是文人的抒情与臆想了 —— 再把这股"清气"解读为"很有点鲜荔枝味儿"，不见得科学，但也是人之常情。就像当我们看到一个新出生的小孩子，总喜欢说"某某部位像爸爸，某某部位像妈妈"一样。

当然，不管怎么说，不同花产生的蜂蜜，在风味上的确是有所不同的。对于荔枝蜜的美好，不管是融合了诸多主观想象，还是源于客观的成分体验，其实都不重要，只要觉得好喝就行了。

吃杧果扎嘴?
还有比这更严重的倒霉鬼呢

杧果起源于印度和东南亚。在公元前4000年的印度典籍中,已经出现了关于杧果的记载。到3世纪,它逐渐传到了中东、非洲及南美,变成了世界性的水果。它的口感软滑,甜度高而且甜味单纯,在世界各地都有大批拥趸。

不过,有不少人提到吃杧果的时候会有扎嘴的感觉。其实,吃杧果之后的不良反应并不少见,通常被归为过敏。

有意思的是,在杧果的故乡 —— 大量食用杧果的印度,杧果过敏非常少见。直到1939年,世界上才有关于杧果过敏的报道。那是一位29岁的女性,在吃了杧果之后24小时,嘴唇及嘴唇周围出现了急性疱疹皮炎。

科学文献中有很多关于杧果过敏的记录，症状与发作时间不尽相同。简单来说，急性过敏在吃完杧果后就能发生，而慢性的则可能晚到3天后才发作。急性过敏往往表现为血管性水肿、皮肤红斑、嘴部瘙痒、眼睑肿胀、荨麻疹，严重的还有大量出汗、呼吸困难甚至休克症状等；而慢性的则可能表现为接触性皮炎和眼眶水肿。

文献中一般认为，杧果过敏是由漆醇引发。漆醇是一种广泛存在的过敏原，漆树、毒藤、毒橡树中含量很高，腰果和开心果中也有一定的含量。在中国制作漆器的生漆，就是割开漆树皮收集汁液而得到的，其主要成分就是漆醇。

中国有大量的人群对漆醇过敏。目前，对于漆醇引发过敏的详细机制还不完全清楚，更多是对现象的描述。漆树、毒藤与毒橡树等植物中的漆醇含量高，过敏人群一旦接触就难以幸免。而腰果和开心果的果皮中有一定含量，好在经过加工之后已经消失，所以消费者吃这些坚果并不会再引发过敏。

杧果则比较特殊，它的漆醇含量远比漆树等要低，主要存在于果皮中。成熟的杧果去皮之后，果肉中的漆醇含量就非常低了，对于大多人而言都不足以引发过敏。或许，这也就是吃杧果的人那么多，而遭遇了过敏的人并不多见的原因。

除了漆醇过敏，也有理论认为杧果过敏是一种口腔过敏综合征，或者这是与漆醇并存的另一种过敏机理。这种理论认为，某些花粉所含的蛋白质与某些水果、蔬菜、坚果和香料中的蛋白质有相似的结构。如果花粉中的蛋白质引发了过敏，人体在摄入与花粉具有相似蛋白质的食品时，也会引发过敏反应。除了花粉，还有螨虫和乳胶等其他过敏原，也能像花粉一样与食物产生交叉过敏反应。

口腔过敏综合征现象比较普遍，有的人对很多水果、蔬菜、坚果过敏。它的特点是，在摄入食物的几分钟内，嘴唇、舌头、上颚、咽喉会有刺痛和灼烧的感觉。有的人会出现肿胀，有的人则不出现。这更像是许多人吃杧果时所遇到的情况。

如果对杧果过敏，该怎么办？

最简单稳妥的办法当然是 —— 不吃。

杧果虽然不错，但它也只是形形色色的水果中的一种。世间还有许多非常美味的水果，避开杧果，水果的王国里也还是百媚千红。

杧果之所以好吃，是因为含糖量实在很高。成熟的杧果含糖量接近14％—— 各种碳酸饮料的含糖量，也不过是10％左右。当然，杧果中还含有一些维生素和矿物质，尤其是维生素 A 和维生素 C 含量相当丰富。这些微量元素及少许的膳食纤维，也是它作为水果被当作健康食品而含糖量比它还低的碳酸饮料则是垃圾食品的原因。其实，来自杧果的糖也还是糖，糖本身对健康的不利影响也依然还是存在的。

　　所以，即便是对杧果不过敏的人，也还是适可而止为好。

毛肚不能"七上八下"？
到底涮多长时间才安全

毛肚是火锅中最受欢迎的食材之一，尤其是在四川和重庆，吃火锅不点毛肚，总感觉不完整。关于毛肚的涮法，广为流传的说法是"七上八下"，总共是15 ~ 20秒的时间 —— 考虑到有相当一部分时间毛肚并不在汤里，所以真正加热的时间应该更短。

这么涮毛肚安全吗？有一篇"辟谣"文章给出了这样的回答："七上八下"的时间不足以杀死细菌和寄生虫，建议是"基本控制在3 ~ 5分钟最好"。

这个说法在网上被网友调侃：3 ~ 5分钟那不是毛肚了，那是橡皮筋。确实，涮过毛肚的人都知道，毛肚放进翻滚的汤里，别说3分钟了，稍微等得久一点，就坚韧得如同橡皮筋了。

从好吃的角度说，广大吃货们总结出的"七上八下"，大致是获得良好口感的"最优时间"。这里核心的问题就是这几秒钟的时间，是否足够杀死细菌和寄生虫？

相对于细菌，寄生虫的生命更为"高级"，它对于生存环境的要求也就更为苛刻，耐热能力通常更差。简单来说，能够杀死细菌的加热条件，也足以杀死寄生虫。所以，在日常生活中，我们并不会特意去考虑"加热到多少度能够杀死寄生虫"，而只是去考虑"杀菌"。

细菌的耐热能力强一些，但对于高温也没有什么抵抗能力。对于一般细菌而言，温度超过60℃就难以增殖，温度越高死得就越快。

当然，一般细菌中总是难免存在着一些顽强的，它们能够熬过严酷的高温。通常，我们用"高温＋时间"来对付它们。温度越高、时间越长，能够挺过去的细菌自然也就越少。

实际上，要想彻底把细菌杀光还是很不容易的。在食品加工中，通常要加热到120℃并且保持20分钟以上，或者加热到135℃以上保持几秒钟，才认为能把细菌（及细菌芽孢）彻底杀光。

但是，细菌要想危害健康，需要一定的量。所以，我们并不需要让食物中的细菌完全消失，只要绝大部分细菌被杀掉，那么就可以安全食用了。在食品安全中，合格的食材，能够把细菌杀到只剩下十万分之一，就可以接受了，这就是食品安全中所说的"细菌数降低5个对数值"。比如巴氏牛奶，就是加热到72℃并保持几秒钟，实现"细菌数降低5个对数值"。实际上，巴氏杀菌奶中的细菌数，达到每毫升几万个仍然合格，甚至大肠菌群，要求也并不是0。

那么，毛肚只涮几秒钟，能够达到"细菌数降低5个对数值"的目标吗？

答案是完全可以。

实际上对于各种肉类，只要中心温度达到75℃，就可以放心食用。只不过通常的肉都比较厚，在沸水中需要保持一些时间，才能让热量传递到肉的中心使之达到安全温度。毛肚非常薄，放进翻滚的汤中，几乎是瞬间就达到了这个安全温度，也就可以安全食用了。

对于其他的肉类，切得越薄，让中心达到安全温度所需要的时间也就越短。当然，吃火锅的时候我们没办法去测量肉片中心的温度，但有一个简单易行的办法：把肉片划开，只要中心也变了颜色，就是达到安全温度了。

有人会问：既然如此，那为什么很多加工食品要求"超高温长时间"加热呢？这是因为比如巴氏奶，细菌没有被完全杀灭，在存放过程中会再次繁殖起来，也就会重新超标。所以，巴氏奶必须保存在冰箱里延缓细菌的生长，并且也只能放一两周的时间。而常温奶或者其他常温保存的食物，需要存放几个月甚至更长的时间，哪怕加热之后只剩下几个细菌，也会慢慢地繁殖到"星火燎原"。所以，常温保存的食品，要么彻底把细菌杀光并且密封保存，要么使用防腐剂或冷冻来抑制细菌生长，要么把食物的含水量降到细菌无法增殖的程度。

因为火锅是涮完了就吃，所以只需要考虑涮的时候把大部分细菌杀掉就可以了，涮几秒钟，足以实现这个目标。当然，需要注意一点：在涮的时候，筷子夹住的部位接触不到汤，无法被加热，所以在涮的过程中可以松开筷子换一个部位夹着再涮，就可以保障安全了。

愿天下食客们涮得安全，吃得愉快！

松花皮蛋的"松花"
与"皮",是怎么变出来的

对外国人而言,皮蛋可能是最神秘、最不可思议的中国食物,至少,是之一。他们把皮蛋叫作"百年蛋""世纪蛋",甚至"千年蛋",听名字,就像考古学家在古代文明遗址中发现的一样。

而多数中国人,以及许多东南亚人,都喜欢皮蛋。凝固的蛋清,颤颤悠悠光洁透明如皮冻一般;变成了黄绿到黑褐的蛋黄,散发出更加丰富的气味。有科学家利用高级的现代分析技术,在常规的蛋中分析识别出了十几种气味分子,而从皮蛋中则分析识别出了五十多种气味分子。中国人不仅直接吃皮蛋,还用它作为食材来煮皮蛋瘦肉粥,这对很多人来说代表着"家的味道"。

皮蛋如何发明的已经不可考证,在不同的地区有不同的传说。

大致而言，基本上都是因为疏忽，把鸭蛋忘在了有石灰的草木灰里，过了很久，敲开蛋壳之后发现具有特殊的香味，于是再经过摸索改进，就做出了皮蛋。这些民间传说，很多时候是后人的穿凿附会，可以作为茶余饭后的谈资，也不必较真。

其实，要做出好的皮蛋，并非随便把蛋放在石灰里那么简单。

不管是鸭蛋还是鸡蛋，都是蛋清包裹着蛋黄。蛋清基本上是蛋白质的水溶液，其中的水含量在85％以上。蛋黄中的成分更为复杂，可以看作是蛋白质和磷脂包裹着的脂肪小颗粒。蛋黄中的固体含量大约能占到一半，除了脂肪、蛋白质和磷脂，还有各种矿物质和维生素。

制作皮蛋的过程其实是用强碱性来水解蛋白质的过程。传统的皮蛋制作使用石灰和苏打，二者反应生成氢氧化钠和碳酸钙。氢氧化钠能形成碱性更强的溶液，通过蛋壳上的微孔往里渗透。

蛋清是由好多种不同的蛋白质分子组成的，每种的特性不同。在正常情况下，蛋白质的氨基酸长链按照一定的方式缠绕起来，疏水氨基酸在内部，亲水氨基酸在外围。不过，因为互相牵扯，蛋白质分子表面也还是有一些疏水氨基酸，对水的"厌恶"使得它们希望"抱团取暖"而相互靠近。而一些氨基酸上带有电荷，互相排斥，对抗着这种"抱团"的趋势，使得蛋白质分子之间若即若离，形成了黏稠的胶状。

当蛋清的碱性逐渐增高，蛋白质分子上所携带的电荷也就越来越多。这些电荷强烈地互相排斥，使得蛋白分子之间的距离更远，蛋清就从黏稠的胶状变成了完全的液体。再继续存放，随着更多的碱渗透进来，蛋清的碱性进一步增强。同时，蛋白质分子在碱的作用下发生水解，氨基酸长链被打开、切断，疏水氨基酸就被暴露了出来，带电荷的氨基酸也就无力再阻止它们互相靠近。当来自不同蛋白质片段上的疏水氨基酸"牵手""抱团"，就把这些蛋白质分子连接起来，形成了巨大的网络 —— 水分子被陷在其中不能动弹，整个蛋清变成了固体。

另外，蛋清中的碱一直在往里渗透，到达了蛋黄。蛋黄中的脂肪、蛋白质等各种成分，在强碱的作用下会发生各种变化，产生各种风味物质。蛋清中的蛋白质在水解的过程中，会释放出相当多的硫化氢，渗透到蛋黄中，跟蛋黄中的铁、锌等矿物质发生反应，生成各种有颜色的物质，从而让蛋黄变成了绿色到黑褐色。

如果仅是如此，那么皮蛋的形成也就没有什么巧妙之处。有意思的是，如果只是把蛋放在碱中，碱持续渗入，已经形成了固体胶的蛋白质会进一步水解成小片段，固体胶也就化开成液体了。有些不好的皮蛋，剥开后会有没有凝固的蛋清，往往就是这种情况。

不知道古人怎么发现了黄丹粉可以避免这种情况的发生。黄丹粉中有氧化铅，会跟硫发生反应生成硫化铅。硫化铅是不溶物，会把蛋壳表面的微孔堵住，从而阻止碱继续往里渗透。这样，形成了固体胶的蛋清就不会继续水解而液化，而其中的碱会继续往蛋黄里渗透而促进蛋黄转化，直到蛋黄的风味口感达到最佳。

铅是一种有毒重金属。用了黄丹粉的皮蛋，其中的铅含量会远远高于食品中允许的限量，从而使得传统的皮蛋成了一种"有害食品"。明白了铅在皮蛋形成中的作用，研究者们也就可以去寻找其他的方法来实现"堵孔"的功能。其他的单一金属，效果都不如铅好，但不同金属的组合，比如铜和铁，也能够达到不错的效果。现在市场上的"无铅皮蛋"，铅的含量能够很好地控制在一般食品的铅限量之下，也就不足为虑了。

有一些皮蛋的蛋清中会出现松枝形状的花纹，被称为"松花蛋"。有人宣称这是因为用了松枝烧成的灰，所以做出来的皮蛋会出现"松花"，这不过是牵强附会的猜测。有研究者用了现代化的分析技术，发现松花的主要成分是镁。也就是说，所谓的松花，其实是镁离子结晶析出形成的。或许松枝烧成的灰中有更多的镁离子，使得松花更容易出现 —— 用松枝的灰与出现"松花"，只是一个美丽的巧合。

土豆为何炖牛肉

　　虽然各种食材可以任意搭配，但是有那么一些著名的搭配受到人们的格外喜爱，比如土豆炖牛肉、小鸡炖蘑菇、西红柿炒鸡蛋……除了习惯、传统及历史渊源等文化层次的因素之外，这些搭配有没有一些科学原因呢？

　　在人们能够感受到的基本味道中，有一种是鲜味。虽然对它的科学认识还不到一百年，但是人们喜爱鲜味的历史已经非常久远。在古代，中国的厨师就用高汤来调味；而在日本，人们习惯于用海带、鱼、香菇等原料来煮汤。20世纪初，日本人从海带汤中分离出了谷氨酸钠，发现它产生的味道跟通常所说的"鲜"很像，从此把人类对鲜味的认识带到了分子水平。现在人们已经很清楚，蛋白质中的谷氨酸如果被水解释放出来，成为游离的单个离子，就能够产生鲜味。海带、酱油、龙虾、鱼肉等，天然含有相当多的谷氨酸钠，因而很"鲜"。应用微生物发酵生物技术，人们可以轻松地得到高纯度的谷氨酸钠，这就是味精。

后来，科学家们又分别从鱼干和香菇中分离到了肌苷酸（IMP）和鸟苷酸（GMP）。它们不仅可以产生鲜味，还可以与谷氨酸盐发生"协同作用"，二者同时使用，产生的鲜味远远大于各自单独使用时产生的鲜味之和。有一项实验是把谷氨酸钠和 IMP 等量混合，结果产生的鲜味增加了 8 倍。而在另一项研究中，在食物中加入不到万分之一的 IMP，这个浓度本身不足以产生可以被感知的鲜味，却让谷氨酸钠产生的鲜味增加了 15 倍。把这一效应用到生产上，就产生了鸡精，鸡精主要是谷氨酸钠与核苷酸的混合物，其鲜味跟鸡没有什么关系。

知道了核苷酸和谷氨酸盐的协同效应，就容易理解前面所说的几种搭配了。比如，土豆中含有比较多的谷氨酸盐，而牛肉中不仅含有谷氨酸盐，还含有很多 IMP 和 GMP。把二者一起煮，就会协同产生更强烈的鲜味。而如果把萝卜与牛肉一起煮，产生鲜味就只能依靠牛肉了。同样的道理，蘑菇（尤其是香菇）含有丰富的

GMP，鸡肉含有丰富的 IMP，在煮的过程中它们都会释放出游离的谷氨酸钠。三者协同作用，就产生了浓得化不开的鲜味。

西方饮食中也有很多利用天然的谷氨酸盐调味的例子，最常见的是西红柿酱和奶酪（也就是许多人说的"起司"）。在传统的西方饮食中，奶酪做汤和西红柿炖肉，以及油炸食品蘸西红柿酱，都是很常见的。尤其是奶酪与土豆一起煮汤，不需要味精和鱼肉，就可以鲜得腻人。

有意思的是，这些鲜味物质的产生，与食物的加工和保存过程有关。比如，大豆中已经含有一些游离的谷氨酸钠，如果把它发酵变成酱油或者豆豉，其含量还会大大增加。鱼肉、牛肉、香菇等，在保存和干燥的过程中，各种鲜味物质的含量也会增加。追求精细的厨师会把动物宰杀之后放置一段时间使用，作用之一也是释放出更多的核苷酸。而牛肉干之所以更香，大致也与干燥过程中这些鲜味物质的增加有关。不过需要注意的是，鱼干、肉干、腌肉之类的食物，在制作过程中除了鲜味物质会增加，一些有害健康的物质也可能增加。在美味和健康之间如何平衡，取决于个人的生活追求。

酸甜苦咸的生物学机理已经有了很多的研究，而"鲜"的生物学机理则到最近几年才有大的进展。现在，生物学家找到了人体中的一些蛋白质受体，能够特异性地与某些氨基酸结合。结合之后产生相应的神经信号传递到大脑，我们就感知到了"鲜味"。至于弄清楚为什么 IMP 和 GMP 等核苷酸能够增加鲜味，则还有很长的路要走。目前的一种推测是，谷氨酸钠与受体蛋白质结合之后，核苷酸凑上去敲敲边鼓，会增加这种结合物的稳定性，从而产生更强的神经信号。

对于我们来说，生物学家如何认识鲜味大可以只作为茶余饭后的谈资，但是知道了谷氨酸钠和调味核苷酸的存在及它们的协同效应，我们就可以有的放矢地去尝试新的做法。如果我们不能像传说中的高明厨师那样，只利用天然食材的组合与处理来产生鲜味，那么借助于现代技术，我们也可以制造出相似的鲜味来。

炖鸡汤，
如何放盐更好喝

在中国及世界许多地方，喝鸡汤在传统上被作为一种养生甚至食疗的方式，有着巨大的号召力。从现代营养学来看，鸡汤中的营养其实乏善可陈，喝鸡汤也就只是解馋与心理安慰罢了。

当然，作为一种食物，解馋本身就有着无与伦比的价值。如何把鸡汤炖得好喝，也就吸引了许多厨师、厨艺爱好者以及科学研究者的关注。

鸡汤的鲜味来自其中的呈味物质，氨基酸、核苷酸、有机酸、多肽、无机盐及多达几十上百种的醛类和醇类物质，共同形成了鸡汤丰富的鲜香风味。

其中最关键的呈味物质是谷氨酸和核苷酸，它们产生鲜味。而盐是另一个关键成分，它不仅带来咸味，而且和鲜味互相放大，使得风味更加浓郁。

那么鸡汤中加多少盐会有更好的风味呢?

云南农业大学的科研人员曾相当深入地研究了加盐对鸡汤风味的影响，并发表了相关论文。在研究实验中，他们使用相同品种的鸡，把鸡肉焯水之后冲洗干净，按照肉水比1∶3的量重新加水，大火煮开，加盐，然后小火慢煮2个小时。实验分为6组，各组的加盐量分别是0、0.5%、1.0%、1.5%、2.0%和2.5%，每组煮了6只鸡，煮好后通过加水把各组的汤调整到相同的量。然后一半进行仪器分析，另一半用于志愿者品尝。每个志愿者品尝各组鸡汤之后，分别就色泽、滋味、香气、形态和油量打分，最后再对这些方面进行加权，得出一个总分。

最后的结果是:①随着盐的增加，色泽、滋味、香气、形态的得分都相应升高，而油量则降低;②总得分也是随着盐的添加量增高而升高，具体数值为:不加盐和加盐0.5%的鸡汤没有区别，得分是6.55;加盐1.0%、1.5%和2.0%的鸡汤得分分别为6.90、7.04和7.51，这4个分数之间都存在统计学的差异，而加盐2.5%

的鸡汤得分为7.50，跟加盐2.0％没有显著性差异。

也就是说，从鸡汤好喝的角度，在这个实验中加盐2.0％是最佳的选择。而仪器分析所得到的成分数据，跟这个品尝结果也是一致的。

这项研究探讨的是加盐量的影响，各组样品都是煮沸之后加盐，然后再小火慢炖。

那么，在不同的时间加盐，会不会影响鸡汤的风味呢?

北京工商大学的科研人员则做了一组比较不加盐、在开始炖之前加盐和炖好之后再加盐三种加盐方式下鸡汤风味的实验。这项研究炖的是鸡胸肉，加入2.5倍的水，在85℃条件下炖3个小时，加盐量为鸡汤量的1％。

在三种加盐方式中，一开始就加盐得到的鸡汤中的氨基酸含量最高，为2115毫克/升，而不加盐的鸡汤和煮制后加盐的鸡汤则差别不大，分别为2016毫克/升和2021毫克/升。

根据实验结果可以看出，先加盐煮，溶到汤中的氨基酸确实要多一些，大致要多5％。也就是说，许多"厨艺秘籍"中所说的"炖制时先放盐，使鸡肉在盐水和咸汤中浸泡，组织中的水分向外渗透，蛋白质被凝固，鸡肉组织明显收缩变紧，影响营养向汤中溶解，妨碍汤汁的浓度和质量"，其实是想当然。

在这项研究中，志愿者品尝各组鸡汤之后对三种加盐方式的鸡汤进行打分，也是炖鸡一开始就加盐的鸡汤得分最高，其次是炖好之后再加盐，而一直都不加盐的鸡汤得分最低。

结合这两项研究实验，我们可以知道，要想得到更好喝的鸡汤（对于大多数人口味的"好喝"）：盐不可少；先放盐比后放盐稍微好一些，但差别不是很明显。

最后需要强调的是，这两项研究都只是把"鸡汤好喝"作为目标，并没有考虑加盐多少及加盐顺序对鸡肉的风味、口感等的影响。简单来说，加盐导致有更多的风味物质溶到汤中，对于鸡肉的风味是不利的，此外盐对于鸡肉纤维的变性熟化也会产生影响，所以可能影响到鸡肉的风味与口感。所以如果我们要考虑鸡肉的风味和口感，那么可能就会得到不同的结论了。

❧

长时间存放的绿茶还能喝吗？
以及"越陈越香"的那些茶

跟其他食品相比，茶叶是相对比较容易变质的。一方面，茶叶的吸附性很强，如果没有密封，很容易吸收空气中的水而受潮，同时吸附周围的异味；另一方面，茶叶中的许多成分，比如茶多酚、茶氨酸及各种微量的"风味成分"，都不够稳定，在存放中会慢慢发生变化。

有趣的是，不同成分的变化，对于风味的影响是不同的。比如，茶氨酸是茶中鲜爽风味的来源，它在存放中会转化分解，茶的鲜爽味就逐渐下降；儿茶素等茶多酚涩味明显，在存放中会发生氧化，氧化而成的茶黄素就不那么涩，尤其是茶黄素能够与咖啡因结合，使得自身的涩味及咖啡因的苦味都降低。此外，还有一些纤维素分解成多糖而增加"稠滑"的口感等。

茶叶保存的复杂性在于：一方面，不同成分的变化对于风味的影响不同。有的变化是好的，比如儿茶素变成茶黄素，再与咖啡因结合，会降低苦涩味。这是通常绿茶泡不好就容易苦涩，而红茶就不那么明显的原因。而有的变化是坏的，比如茶氨酸的降解，茶的鲜爽就会降低。另一方面，不同变化的适宜条件不同。不同的保存条件，比如温度、湿度、光照等条件，会影响到不同反应的速度。

就跟任何化学反应一样，反应时间只是影响产物的一个因素，甚至不是最重要的因素。除了时间，反应条件及原料，也就是茶叶本身和保存条件，对于茶叶风味的影响要更大。

一般来说，高品质的绿茶中茶氨酸较为丰富，它所带来的鲜爽是绿茶最重要的品质特征，儿茶素的涩是它的特征风味。在存放中，茶氨酸的分解导致鲜爽度下降，儿茶素的氧化也使得它的风味不同，再加上泡出的茶水颜色变深，我们就觉得它变质了。如果是在常温下，绿茶放几个月，风味的变化就较为明显，所以我们通常会说"绿茶不耐存放"，要喝"当年的绿茶"。

如果绿茶一直封装在铝箔袋中，放在冰箱冷藏室里，在这样的条件下，茶叶不会受潮，各种化学反应的速度也很慢，所以即便是放了很长时间，也依然"还能喝"。

氧化是茶叶变化中最重要的反应。红茶在制作中已经把氧化进行到了极致，所以在存放过程中的氧化就不是什么大问题了。而且红茶工艺带来的醇、酮类风味物质相对较为稳定一些，所以红茶的存放就要比绿茶更容易。

简单来说，制作过程中不氧化或者氧化程度轻的茶，比如绿茶或者铁观音等轻度氧化的乌龙茶，在存放中就比较容易变质；而氧化程度深的，比如红茶和单丛茶、岩茶等重度氧化乌龙茶，就更容易保存一些。但不管哪一种，如果是"密封+低温"的保存条件，都可以大大延长保存时间。如果密封的时候抽了真空，就更加有利于保存。

白茶和黑茶的情况则有些不同。

白茶和黑茶通常都是用成熟的叶片。白茶是不进行杀青灭酶，充分利用鲜叶中本来的酶进行叶片内物质的转化；而黑茶则是进行深度的氧化和发酵，让叶片中的物质充分转化，产生新的物质。制作完成之后，鲜爽的物质不剩下什么了，也就不怕继续氧化。而其他的那些物质，继续发生缓慢转化的结果，还有可能使得风味变得更好。其中白毫银针的叶片很嫩，能留下一定的鲜爽，在之后的存放中转化就不见得有利。而普洱生茶不算黑茶，而是一种特殊的绿茶 —— 成熟叶片，茶氨酸低所以本来就谈不上鲜爽，成品含水量高，允许微生物的存在和缓慢生长，从而实现缓慢的转化。

白茶、黑茶和普洱生茶有可能在存放过程中转化得更好喝，所以被演绎营销成了越陈越香。这种简单化的口号很便于传播和营销，所以深受茶业行业及广大普通茶爱好者的认同，反过来又进一步促进了这一说法的流行。而更好喝的前提 —— 合适的保存条件及适当的时间，却被有意无意地忽略了。

越陈越香的说法，使茶具有了收藏与增值的特性，也就便于资本进入进行运作。过去这些年里，"老普洱""老白茶"的风行，更主要的还是资本运作的结果。

茶毕竟是一种日常消费品，当把它炒作成一种金融产品的时候，就出现了许多令人啼笑皆非的事情。比如经常碰到有人拿出"三十年陈""五十年陈"甚至"清朝"的"老茶"，动则几万、几十万甚至更高的价格。其实认真想一想且不说它是真是假，在三五十年前，"老普洱""老黑茶""老白茶"的概念都还未兴起，也就不会有人刻意地保存下来。今天能够找到的，只会是无意之中在不起眼的地方留存下来的。数量少、保存条件差、没有明确的品质标准，仅仅是放的年头长，就能够好喝吗？

牛排、鸡蛋、"淡水三文鱼"，怎样才能生吃

　　把食物做熟，无疑是人类发展史上的一个里程碑。食物做熟的意义，一是杀灭了致病微生物，从而大大减少食源性疾病的发生；二是改善了食物的状态，使之更容易消化。

　　不过，烹饪改变了食材的状态，也改变了食物的风味和口感。在大多数情况下，这种风味和口感上的改变是有利的，所以熟食占据了食物的主流。不过也有一些食物，人们更喜欢生或者半生的风味和口感，比如牛排、鸡蛋和一些水产，就是典型的代表。

　　一种食物要生吃，就要解决安全性的问题。而要解决安全性的问题，就要搞清楚安全风险从何而来及不做熟的情况下如何规避安全风险。

牛排

在点牛排的时候，顾客需要告诉侍者牛排的火候，比如三分熟、五分熟、七分熟等。最"生"的牛排只是表面加热了一下，里面还完全是凉的，血水也没有凝固。这样的牛肉，难道不怕寄生虫或者致病细菌吗？

对于人工饲养用于食用的牛，寄生虫的控制并不难。尤其是用于制作牛排，可以认为能够有效地防止寄生虫的存在。因此，生牛肉的致病风险主要来源于细菌。

牛排需要取牛身上的整块肉。正常情况下，肉内部几乎不会有细菌的存在。牛肉上的细菌，主要来源于加工操作中的污染，几乎只存在于表面。所以，在严格规范的操作流程下，牛排内部存在细菌的可能性几乎没有。"最生"的牛排只是进行一下煎烤，就可以把表面的细菌杀灭。这样，牛排的细菌风险就得到了非常好的控制。如果每一步都严格规范，就可以认为"生牛排也是安全的"。

不过，这只是针对"原切牛排"而言。如果是用碎肉拼接的"合成牛排""拼接牛排"，以及用切碎的生牛肉加上生鸡蛋及各种调料的鞑靼牛排、塔塔牛排，细菌可能存在于内部，不加热透，风险就会比较大。

所以，生牛排能够食用的前提必须是"原切牛排"并且从养殖、屠宰、储运到加工全过程都操作规范。而即便如此，在许多餐馆菜单上的牛排下面，也还是会给出"未充分加热，可能存在细菌风险"的提示。

鸡蛋

鸡蛋的安全风险来源于细菌，最常见的是沙门氏菌和大肠杆菌。这些细菌不仅存在于蛋壳表面，也能够扩散到鸡蛋内部。

仅仅从概率的角度说，其实鸡蛋存在这些致病细菌的可能性很小。美国有研究做过评估分析，市场上的鸡蛋存在沙门氏菌的概率是 1/30000。这个数字看起来非常小，但是考虑到其市场上每年的鸡蛋消耗量是 690 亿只，也就意味着有 230 万只被沙门氏菌感染的鸡蛋。这些鸡蛋会造成 66 万多人次"中招"，虽然其中大部分患者能够自愈，但也会有 3000 人次以上需要住院治疗，数百人死亡。

需要强调的是，这个 1/30000 的概率是基于美国市场上的鸡蛋几乎都来自现代化养鸡场，管理和控制水平较高。而在我国市场上还有大量鸡蛋来自散户或者小规模养殖，存在细菌污染的风险要高得多。

所以，不管是在美国还是在中国，普通的鸡蛋都建议"不能生吃"。

不过，这并不意味着无法生吃。科学家对于鸡蛋中常见的致病细菌已经了解得相当清楚，知道如何去防范它们。在美国市场上，经过规范的巴氏杀菌处理的鸡蛋，就可以生吃了。而所谓的规范，是指鸡蛋厂家的鸡蛋来源与处理流程经过美国食品药品监督管理局（FDA）的审查认可。

简而言之，吃生鸡蛋存在沙门氏菌等致病细菌污染的风险，但经过规范处理的生鸡蛋可以生吃。

三文鱼

近几年来，国内市场一直有"虹鳟鱼冒充三文鱼"的争议，其焦点是"真的"三文鱼可以生吃，而虹鳟鱼是否可以生吃。

先来说三文鱼可以生吃的原因和前提。

通常所说的三文鱼是指大西洋鲑鱼。它是海水鱼，可能感染的寄生虫是异尖线虫等海水寄生虫。这些寄生虫在人体内不能存活，被人误食后可能带来一些不适，但不会产生更严重的后果。寄生虫不耐低温，经过深度冷冻就可以杀死。海洋捕捞的三文鱼进行深度冷冻之后储存运输，再进入食品供应链；而人工养殖的三文鱼在规范的操作条件下，能够避免寄生虫的感染，也就可以冰鲜供应。

总结一下就是：海水三文鱼能够生吃，是因为在目前的食品供应链中，存在寄生虫的概率很低，而被误食之后的后果也不严重。所以，作为消费指南的 "三文鱼可以生吃" 是合理的，尽管这并不意味着绝对没有风险。

这里的三文鱼可以生吃，就跟生牛排可以吃类似，不是说绝对没有风险，而是默认风险很低可以接受。

而虹鳟鱼（即所谓的 "淡水三文鱼"）是在淡水中养殖的，食客感染寄生虫的风险跟海水三文鱼也就不同。一方面，淡水水产寄生虫感染的风险比海水水产要高得多；另一方面，淡水寄生虫如果被误食，产生的后果就不仅仅是身体不适那么简单。所以，不管是叫本名 "虹鳟鱼"，还是叫 "淡水三文鱼"，作为公众饮食指南都应该是 "不能生吃"。

考虑到有许多人愿意生吃虹鳟鱼，那么如果能够像鸡蛋那样消除风险，虹鳟鱼还是可以生吃的。比如说，严格规范的养殖场、经过严谨评估的寄生虫风险、规范的检测监控、必要的杀虫措施（如规范的深度冷冻）等，而最核心的是，这一切需要有监管部门的管控和监督。满足了这样的条件，允许生吃虹鳟鱼也是完全合理的。

总结一下就是：虹鳟鱼不能生吃。这是因为在目前的产销供应链中，存在的寄生虫风险太高而不可接受；如果在特定的养殖加工条件下，把这一风险降到可以接受的程度，那么也可以允许生吃。但这个特定的养殖加工，需要像巴氏杀菌鸡蛋在政府的监管之下，而不能是由一些在公开演示检测寄生虫时连显微镜都不知道打开的厂家自己说了算。

闲谈炸土豆

差不多在世界各地，土豆都是常见的食物。在各种吃法中，油炸大概是别具吸引力的。

四川一带在婚丧嫁娶的宴席上，先要上一轮零食或者冷盘。在20世纪八九十年代，炸虾片一度很流行，可以算是 "高端大气上档次" 的冷盘。后来乡亲们发现，炸土豆片其实也不错，需要节省开销的人家就用它来代替了。在夏天，把土豆切成薄片，用开水烫一下，然后放在太阳下晒干，不用冷藏，不用防腐剂，也可以长期保存。等到要办宴席的时候，拿出来用油一炸，撒点白糖，就可以上席了。

之所以能够炸成口感酥脆、香气四溢的薯片，主要是土豆中的淀粉含量很高。淀粉分子互相交联，受热之后会发生糊化。土豆薄片干燥之后下油锅，温度可以很轻易地超过150℃。在这样的温度下，淀粉中的糖分子会发生一种叫作"焦糖化"的反应。一方面，淀粉脱水缩合，生成焦糖色素。焦糖色素含量不高的时候，就呈现出诱人的橙黄色。当然，如果含量过高，或者反应过度发生碳化，就没法吃了。另一方面，还会降解释放出一些挥发性的小分子，带来油炸特有的香味。

世界各地有各种各样的炸土豆做法，原理也都差不多。把土豆炸到登峰造极的，大概还得算是美式快餐——汉堡加薯条，差不多成了美国食品的代表形象。洋快餐的薯条，外面酥脆，里面松软，颜色均一而很少有杂色，而且不管哪天去，不管在哪家店，同一品牌快餐的薯条基本都一样。

他们是怎么做到的呢？

产品的一致性来源于原料的一致性和操作流程的标准化。比如说，他们会选用同一种土豆，把加工流程控制得极为精细，再由中央厨房完成大部分加工，最后的门店只是把半成品在同样温度的油中炸制相同的时间，然后立即食用。

如果掌握了炸薯条过程中的要点，那复刻快餐店那样的薯条也并非难事。

　　首先挑选个头比较大的土豆，将它切成粗细长短均匀的条。把切好的土豆条放到冰水里，一是洗去表面的淀粉，二是避免与空气接触。洗去表面的淀粉，有助于形成光洁的表面；避免与空气接触，是为了防止土豆变黑。

　　当切开土豆时，土豆细胞被破坏，多酚类化合物作为底物，和多酚氧化酶等酶类接触，与空气中的氧气发生反应成为醌类化合物，醌类化合物的多聚化及它与其他物质的结合会产生黑色或褐色的色素沉淀，导致土豆变黑，缺乏卖相。所以，泡在水中有助于隔绝空气，减少氧化。不过，水中也还是有一些空气，要想进一步抑制这一反应，可以在水中加一点柠檬汁 —— 柠檬汁中的维生素 C 能抑制这个反应的进行。当然，直接加一片维生素 C，也可以起到同样的作用。而在商业化生产的薯条中，还会加入其他的添加剂来护色。

　　要炸出好的薯条，需要炸两次。在炸之前，把土豆条捞出来沥干水。第一次炸需要保持比较低的油温，将温度控制在160℃左右。这一次主要是把土豆条炸熟，需要6 ~ 8分钟。如果油温太高，就容易导致土豆条外面焦了里面却还没有熟。之前土豆条泡在冰水里的操作，也有助于让其表层温度稍微低一些，给里面更多的时间变熟。

这样把土豆条炸熟之后，表面并没有变成"酥脆的薯条"。把它们捞出来放凉——凉了之后至少再等15分钟，而快餐店则是冷冻起来运送到各个门店。第二次炸需要较高温度，通常在190℃左右。当薯条变熟放凉之后，其中的淀粉已经糊化成胶，把大量的水"固定"住了，难以轻易流动。在高温下，表面的水很快流失，而内部的水又难以及时流动过来，于是复炸一次的土豆条表面就变脆了。这次炸只要2～3分钟，它的表面就变得橙黄诱人，同时高温下焦糖化反应也快速进行，释放出香气，这就是我们想要的完美薯条了。出锅的薯条如果不及时吃掉，等到香气散尽，而内部的水姗姗来迟终于到达了表面，就不再酥脆了，吃起来味同嚼蜡。

实际上，快餐店的薯条加工过程比这还要复杂许多。比如说，第一次油炸之前，会用77℃的热水加热15分钟。这应该是反复摸索得到的结果，如果要用化学来解释，除了煮熟，大概还激活了土豆中的果胶酯酶——果胶酯酶使得钙和镁把果胶"固定"住，有助于在后面的高温油炸步骤中保持良好的形态。有了这个开水烫的步骤，第一次油炸就用不了那么长的时间，几十秒到一分钟就够了。

需要强调的是，虽然炸薯条很美味，但它实在是不健康的食品。首先，它的含油量很高，一般在15％左右；其次，经过高温，其中对热敏感的维生素（比如维生素C）损失惨重；最后，高淀粉食物经过油炸，会产生很多丙烯酰胺，虽然这些丙烯酰胺对于健康有多大影响还没有明确的科学数据支持，但它毕竟有害无益，还是尽量避免的好。

所以，薯条虽然美味，但也不要贪吃哦！

完美咸蛋背后的科学奥秘

咸鸭蛋在中国无疑是极具号召力的"经典食品"之一。完美的咸鸭蛋，至少需要满足"流油""翻沙""红亮"三个特征。形成这三个特征的背后，蕴藏着怎样的科学奥秘呢?

首先，为什么是"咸鸭蛋"而不是"咸鸡蛋"?

从加工工艺的角度看，用鸡蛋来腌咸蛋也毫无问题。人们之所以不青睐咸鸡蛋，主要原因大概是: 咸蛋的美味在于蛋黄，通常鸡蛋黄占整个蛋的比例不超过30%，而鸭蛋能接近35%，再加上鸭蛋的个头本来就比鸡蛋要大，咸鸭蛋也就更具吸引力。此外，与鸡相比，鸭往往会吃更多的虫子，因而鸭蛋也就有更重的腥味，要是像鸡蛋那样煮或者炒，风味就不如鸡蛋迷人，而制成咸蛋或者皮蛋，就可以去除腥味，也算是为它找到了好的"归宿"。

　　要说咸蛋背后的科学奥秘，得先从蛋的结构说起。我们感兴趣的蛋黄在内部，主要由油脂、蛋白质和水构成，其中油脂被蛋白质和卵磷脂分散成一个个小颗粒，包裹起来成为"脂蛋白颗粒"。这些颗粒的大小在几十到一百多微米，跟头发丝的直径差不多。它们均匀分散在水中，使得肉眼看起来是均匀细腻的半流体。整个蛋黄外面环绕着蛋白。肉眼看起来，蛋白和蛋黄一样也是半流体，不过蛋白中的固体含量只有13%左右，其他几乎全是水；而蛋黄中的固体超过一半，这些固体中油脂超过三分之二，蛋白质不到三分之一。

　　蛋壳是蛋白和蛋黄的保护外层，主要成分是碳酸钙，看起来是密闭的，但其实上面有成千上万个微孔。自然状态下，这些微孔被蛋壳表面的一层胶状物封闭。经过清洗或者在水中浸泡，这层胶状物被破坏，盐就可以经由蛋壳上的微孔自由向蛋的内部扩散。由于蛋白中含水量高，盐扩散得很迅速，很快就能到达蛋黄。

　　因为蛋白中的盐浓度高，蛋黄中的盐含量低，所以盐不断往里扩散，而水则往外渗出。由于水含量不断降低，蛋黄就会变干变硬。如果打开没有腌透的蛋，可以看到蛋黄内部是稀而软的半流体，而外层已经变硬。腌透之后，所有的蛋黄都会硬化，蛋黄外层的含水量甚至会降低到未腌制时的一半以下。

前面提到，蛋黄是一个个脂蛋白颗粒均匀分散在水中。盐的渗入大大增加了水中的离子浓度，而脂蛋白颗粒在高盐环境中不稳定，就会导致一些油脂被释放出来。盐浓度越高，时间越长，释放出来的油脂就越多。高温也会大大增强盐离子对脂蛋白的破坏能力，所以咸蛋经过加热煮熟，还会有更多的油脂被释放，腌好的咸鸭蛋，能有一半以上的油脂释放出来。这也就是完美咸鸭蛋的第一个特征 —— 流油。

油脂本来是在脂蛋白颗粒中的，被盐离子和加热破坏了稳定性，总体上变小了，颗粒与颗粒之间就出现了许多缝隙。这些缝隙被析出来的油脂填充，视觉效果就是油中有许多细小的颗粒。这就是完美咸鸭蛋的第二个特征 —— 翻沙。

完美咸鸭蛋的第三个特征 —— 红亮，成因则比较复杂。蛋黄的颜色由其中的色素浓度决定。色素存在于油脂中，未腌制的时候，这些油脂被蛋白所包裹，要透过蛋白层才为我们所见。经过腌制，油脂从脂蛋白颗粒中跑了出来，填满了脂蛋白颗粒间的缝隙，相当于被色素染上了颜色的油脂包裹了脂蛋白颗粒，我们就直接看到了色素。另外，腌制大大降低了蛋黄中的水含量，相当于增加了色素的浓度，使得看到的颜色更深。

也就是说，腌咸蛋是会使蛋黄颜色变深的。不过麻烦的事情在于，蛋黄的颜色很大程度上是由母鸭吃什么决定的，如果只是想要"红亮"的颜色，通过饲料来提色显然要直接有效得多。最原生态的方法是增加含有叶黄素和玉米黄素的饲料，比如玉米、绿色蔬菜、花卉等。投机取巧但合法的方式是在饲料中添加加丽素红或者加丽素黄（俗称"蛋黄精"）。这些色素是合法的饲料着色剂，在世界各国都可以用于养殖业中。此外，还有廉价高效但非法的手段——添加工业色素，比如苏丹红。凭肉眼观察，实际上无法分辨咸鸭蛋的颜色是来源于哪种方式，如果要追求颜色，就只能自求多福了。

不同的人腌制咸鸭蛋的方法不尽相同，主要可以分为两类。一类是把鸭蛋泡在盐水中，另一类是把盐和到黏土（或者沙土）里形成土糊，然后裹在鸭蛋表面。除了盐，还有人会加入酒来腌制。酒精渗到蛋黄，也会降低脂蛋白颗粒的稳定性，促进油脂的析出。在这两类方法的基础上，加上酒，也就产生了另一种方法：把鸭蛋浸过酒之后，再滚上一层盐，然后密封保存。

　　不管哪种方法，核心都是让盐扩散进去、水扩散出来。它们之间的区别，只在于蛋壳外盐浓度的变化，对于盐进水出的进度有一些影响。至于哪种方法得到的咸鸭蛋最好，就需要自己去摸索了。

麻辣香锅和它的亲戚们

如果说麻辣是巴蜀最具风情的风味，那么香锅应该是麻辣风味最具特色的实现形式。据说麻辣香锅起源于土家做法——把麻辣为主的多种调料用油炒香，再加入各种荤的、素的食材，炒成一锅。麻、辣、鲜、香，爱好不同食材的食客们都能各得其所。在火锅风靡全国之后，麻辣香锅大有后浪推前浪的气势。火锅与香锅，堪称巴蜀美食的"绝代双骄"。

烹饪的核心目标有两条：一是把食物做熟，二是让食物有味。对于不同的食物，熟有不同的内涵——简而言之就是嚼起来让人愉悦。为了达到这个意义上的熟，需要把食物在特定的温度下加热一定的时间。不同的食物，这个"特定温度"和"一定时间"可能有很大的差别。

所以，只有一两种食材的小炒做起来就很容易。大多数小炒，都是把油烧热，加入调料炒出香味；加入肉类食材，快速炒熟；再加入素的配菜，继续翻炒几下，就起锅完成。不同的肉类，配以不同的素菜，就构成了形形色色的小炒。比如肉丝，就可以配青椒、甜椒、蒜薹、榨菜等。

小炒的优势在于油温高、熟得快，"肝片下锅十八铲"是其中的一个典型。不过，熟得快也就意味着调料往食材中扩散的时间短，味道也就不大容易"入"到食材中。不过，人的舌头尝到味道也并不需要非入味不可，只要是附着到食材上就足够了。辣椒和花椒的香味物质都很容易溶到油中，油再吸附到食材表面，食材也就具有了丰富的味道。所以，小炒的关键是 —— 油足够多，食材切得大小适中。

小炒大概可以算得上是香锅的"远亲"—— 炒的过程是类似的，差别只是香锅所包含的食材太丰富了，各自所需要的翻炒时间可能相差巨大，小炒的"秘诀"也就派不上用场。

回锅肉可以算是干锅的"近亲"，虽然它一般也只有两种食材。生的五花肉要直接炒熟，需要的时间相当长。当然，这个做法也是一道巴蜀名菜，叫作"盐煎肉"。而回锅肉其实是先把五花肉煮到半熟，炒的时候就可以快速完成了。

麻辣香锅相当于扩展版的回锅肉。理论上说，麻辣香锅只是一种烹饪方法，并不针对特定的食材。有的食材需要很长时间才能炒熟，而有的炒的时间长了就"烂"了或者"老"了，尤其是肉类，往往需要较高的油温才能够快速炒熟。而一旦锅里有了一种食材，就很难保持高温，后面加入的食材也需要高温的话，就很难炒熟了。所以，麻辣香锅采用了回锅肉的思路来解决这一问题，但凡不容易熟的荤菜，都先进行"预处理"：煮到适当程度，同时下油锅，就差不多能同时炒熟。把肉类食材炒熟之后，就像回锅肉再下蒜苗一样，麻辣香锅再下素菜。一般而言，素菜所需的温度不如肉类高，所以锅中的温度也还足够。当然，为了保证食材最终都是熟的，很多素菜也要预先煮到"断生"。

一般来说各种可炒的食材都可以加到香锅中，但也有一些例外，比如菠菜、豌豆苗之类太过娇弱的蔬菜。一方面炒起来容易出水，会影响油在其他食材上的附着；另一方面，它们的魅力在于清水出芙蓉般的天然清香，放到麻辣香锅中进行浓妆艳抹，就得不偿失了。

如果说小炒是各种乐器的独奏，那么香锅就是一首交响乐。虽然食客吃的还是同样种类的食材，但是通过"一锅"的融合，除了同时满足不同食客的偏好，不同食材之间还可能发生一定的互补协同效应，味道又会比单个的小炒更为丰富。

火锅也能实现这种味道的融合。香锅还有一个称呼是"干锅"，大致可以理解为"干的火锅"。与香锅相比，火锅的优势在于不受加热需求的限制，它可以针对每一种食材，现煮现吃，每一种食材都可以精确地控制加热时间。所以，火锅的食材绝大多数并不需要预先处理，比香锅更能实现食材的鲜嫩。

香锅的烹饪难度比火锅要高，相对于火锅也有其特有的魅力。香锅中几乎没有水，调料的香味物质在油中的浓度远远比火锅要高。没有水的"干炒"，可以实现更高的温度，也就可能通过美拉德反应生成一些火锅中不能生成的风味物质。而含有更多风味物质的油，也能够更充分地附着在食材上，从而带来更丰富浓郁的味道。

香蕉到底能否放在冰箱里？
大多数人都是在人云亦云

香蕉是一种价廉物美的水果。在国外有些地区，它甚至被当作粮食来食用。虽然它只能生长在热带和亚热带地区，但成熟的保鲜 - 催熟技术使得它们可以被方便地运送到世界任何地方，实现全年供应。

因为香蕉价格低廉，人们有时候就会多买一些。这也就产生了一个问题：买回的香蕉，该如何保存呢？冷藏是保存各种食物的常规手段，而人们又都说"香蕉千万不能放冰箱，坏得更快"。这是真是假呢？

从青涩到成熟，香蕉中发生了什么

超市里的香蕉都是在青涩的时候就被采摘下来了，在适当的保存条件下，这样的香蕉可以长期保存。香蕉中大多数的固体物质是碳水化合物，在青涩的时候，主要以淀粉的形式存在。在这些淀粉中，还有相当一部分是抗性淀粉。此外，还有一些果胶。所以，这个时候的香蕉很硬，而且不甜。

等到销售之前，青香蕉可以被"催熟"。在自然界，香蕉的成熟是由自己产生的乙烯来推动。在人工催熟的时候，可以用其他水果产生的乙烯，也可以用工业产品乙烯。不过在现实中，销售人员使用的是一种叫作"乙烯利"的液体来产生乙烯。当青香蕉接触到乙烯，体内的成熟机制就被启动，产生各种香蕉成熟需要的酶：果胶酶把果胶分解，从而使香蕉变软；淀粉酶把淀粉转化成糖，从而使香蕉变甜。同时，香蕉皮中的叶绿素逐渐消失，香蕉变成黄色。

等到香蕉皮完全变黄，只剩下头尾还有一小点绿色的时候，大多数淀粉已经转化成了糖。这时候的香蕉依然是硬的，不过已经很甜。等到香蕉皮完全变黄，还出现一些黑色斑点，香蕉就完全成熟，几乎所有的淀粉都已经转化成了糖，香蕉肉变得很软。

当香蕉皮变黑的时候，香蕉在外观上就很影响人们的食欲，一般而言，人们就认为它"坏了"。

把香蕉放进冰箱，会发生什么

在自然界，香蕉是生长在热带和亚热带地区的植物，并没有应付寒冷环境的能力。所以，它们对于冷藏的反应，就跟其他的蔬果有所不同。

如果把青香蕉放进冰箱，它的成熟机制就会受到伤害。即使是再拿到室温下，并给予乙烯，它也难以再成熟。所以，没有成熟的香蕉，的确是不能放到冰箱里保存的。

如果香蕉已经成熟，在室温下会继续成熟。但如果放进冰箱里，淀粉酶和果胶酶的活性都会下降，香蕉进一步成熟的速度就会下降，于是香蕉的风味口感可以保持更长的时间。

不过，这个"风味口感"是指香蕉的果肉，香蕉皮对于低温就有很大意见。香蕉皮中有大量的酚类化合物，还有多酚氧化酶。在正常情况下，它们在香蕉细胞中被隔离，相安无事。但是，在细胞破损的情况下，这种隔离会被破坏，酚类化合物被氧化成醌类化合物，而醌类化合物会进一步聚合成黑色素，于是香蕉就变黑了。磕碰、摩擦可以导致细胞破损，而低温也会导致细胞破损，所以香蕉放在冰箱中会加速变黑。而变黑，在我们看来也是"变坏"了。

不过，"香蕉皮变黑"不等于"香蕉变坏"。其实，在冰箱中，变黑的只是香蕉皮，香蕉肉基本上没有变化。只要我们用理性克服视觉上的不适，把变黑的香蕉皮剥掉，里面的香蕉肉还是好的。跟在室温下放置的相比，它因为避免了"过于成熟"，口感和风味就会好一些。

其实，成熟的香蕉，不仅可以放到冰箱里冷藏，还可以进行冷冻。在冷冻条件下，成熟的香蕉可以保存几个月。

不过需要注意的是，冷冻的香蕉会变得很硬。如果不进行化冻，剥皮会变得极其困难；如果进行化冻，那么香蕉会变软。所以，到底是剥皮还是不剥皮，可以根据最后的用途来决定。

香蕉保存指南

首先，最简单的办法是每次少买，及时吃完。

其次，如果一次买得比较多，需要延缓成熟的，就挂到通风的地方并远离其他水果；需要加快成熟的，可以和杧果、苹果、梨等水果密封在一起。

再次，如果已经成熟（即完全变黄，开始出现黑点），但又一时半会儿吃不完，可以放到冰箱中冷藏。虽然皮会变黑，但剥掉皮以后还是一只好香蕉。

最后，如果已经很成熟，短期内也吃不完，那么可以进行冷冻。把皮去掉，用保鲜袋装起来，放到冰箱冷冻室中，可以保存几个月。在需要的时候，可以拿出来当作冰冻甜点，也可以在自制奶昔、蛋糕、面包、冰激凌、酸奶等食物的时候加进去，带来别样的风味和口感。

第四章

高阶吃货
的谈资

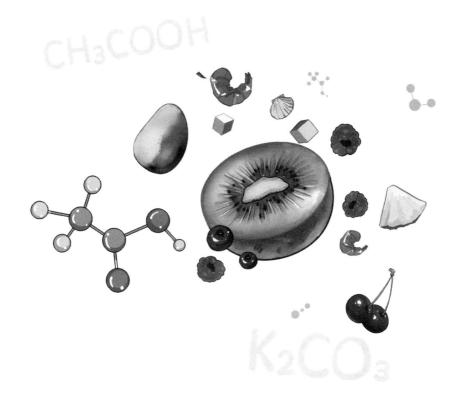

爱甜的历史，
比人类的历史久远多了

　　甜味或许是最受人类喜爱的味道。尚未建立口味偏好的婴儿，对于甜味也会有与生俱来的喜欢。然而，吃糖过多有害健康已经得到了充分的科学证据支持，减糖作为健康饮食的原则之一也被广为接受。

　　经常有人问，不是说自然选择都是为了适应生存吗，那为什么人类就进化出了危害自身健康的口味偏好呢？

　　我们从甜味的感知说起。

　　人类对甜味的感知是通过一种叫作"G 蛋白偶联受体"的蛋白质结构来实现的，简单来说，就是一种特别的蛋白质结构，在与某些物质结合的时候会产生神经信号，传递到大脑，最后被解析成

"甜"。在人体中，有一个 T1R2 蛋白，还有一个 T1R3 蛋白，二者结合就构成感知甜味的受体。

基因分析发现，合成这两种蛋白的基因在脊椎动物中广泛存在。也就是说，这种感知甜味的基因的历史，远远比人类的存在要久远得多。

对味道的感知是生存的需要。在自然界，甜味与糖有关，高糖的食物往往营养密度高。能够通过"随身自带"的检测手段识别出安全、高营养的食物，也就具有了生存优势。于是，这种感知甜味的基因也就代代相传，直到今天。

自然界的动物，寻找食物、生存繁衍几乎就是生活的全部。而对人类来说，在历史上的绝大部分时间里，温饱都是最大的理想。食物，尤其是糖，都是优质而稀缺的生活物资。在这样的背景下，糖与甜并不是问题，自然也就不需要进化出限糖的身体机制。

糖之所以成为健康的负担，是过去几十年生产能力突飞猛进的结果。农业技术的发展，制糖工艺的开发，使糖变得廉价易得。人类显然还来不及进化出对糖的"负反馈"机制，因为人类文明与医学的进展，"自然选择"已经不大可能在人类身上体现，所以今后也不大可能演化出"限糖机制"。

有趣的是，并不是所有的脊椎动物都保留了甜味受体基因。比如猫科动物，体内的T1R2基因虽然还有残留的痕迹，但已经不完整，无法表达出蛋白与T1R3蛋白结合去感知甜味。所以，当你把最喜欢的糖果给你的宠物猫，它们可能完全无感。毕竟，自然界的猫科动物是要吃肉的，能否感知甜味对它们无关紧要，也就不会带来生存优势。

鸟类甚至更为彻底，连T1R2基因的残迹都没有了。毕竟，鸟类的食物通常是种子和昆虫，感知甜味也没有什么意义。

但也有例外，比如蜂鸟，它们以花蜜为食物，识别甜味就很重要。实验证明，蜂鸟确实能够识别甜味，并且偏好甜味。在实验中，科学家给蜂鸟提供普通的水和有甜味的水。不管是添加蔗糖、葡萄糖还是果糖，蜂鸟都明显更喜欢有甜味的水。添加赤藓糖醇和山梨糖醇来做实验，蜂鸟对它们的喜欢程度跟蔗糖类似。不过，当用阿斯巴甜、甜蜜素、安赛蜜和三氯蔗糖这些人类常见的合成甜味剂时，蜂鸟就不屑一顾，甚至把三氯蔗糖和蔗糖混合，蜂鸟依然拒不接受。

也就是说，蜂鸟对甜味甚至比人类更为挑剔。但有趣的是，蜂鸟体内并没有T1R2基因。那么，它们是靠什么识别甜味的呢？

科学家克隆了蜂鸟、家鸡和雨燕的基因。雨燕是蜂鸟基因上的近亲，但并不喜欢甜味。研究人员通过分析基因发现，蜂鸟是通过T1R3和T1R1结合来感知甜味的。而在其他动物体内，T1R1—T1R3受体是感知鲜味的。在蜂鸟体内，T1R1基因发生了比较大的突变，使得它们失去了感知鲜味的能力，却获得了感知甜味的能力。而同为鸟类的家鸡和雨燕，T1R1并没有发生类似的突变，因此只能感知鲜味，而不能感知甜味。

蜂鸟的远祖也是吃昆虫和种子的，就像后来的雨燕和家鸡一样，识别鲜味具有生存优势。大约在距今7200万～4200万年间，蜂鸟从其他鸟类中分化出来，成为以花蜜为食物的物种。对于它们来说，识别氨基酸不再重要，识别甜味才更有意义。虽然它们的基因组里已经不再具有识别甜味的T1R2基因，但不再重要的T1R1却突变出了识别甜味的功能。

这种突变而来的甜味受体，与人类及其他脊椎动物的甜味受体有明显不同。人类的甜味受体，除了能够结合糖，还能够结合大量的其他物质从而产生甜味，比如各种人工甜味剂（糖精、阿斯巴甜、三氯蔗糖、甜蜜素等）、各种糖醇（木糖醇、赤藓糖醇、山梨糖醇等）、各种糖苷（甜菊糖苷、罗汉果甜苷等），还有一些蛋白质也能与其结合产生甜味。幸运的是，这些甜味剂与人体健康的关系，不再需要几千万年的进化去"自然选择"，我们可以通过现代科学手段，去探索和评估它们对健康的影响。

从辣椒精到香草精

　　"精"本来是一个好字，不过在当今社会却仿佛成了原罪。比如辣椒精，在一些媒体还没有搞清楚它是什么东西的时候，仅仅是这个名字就足以让它成为"化学锅底"的罪魁祸首。根据目前所能看到的资料，这个千夫所指的"精"，却很可能是一种天然的植物精华。

　　辣椒之所以辣，是因为其中含有一类叫作辣椒素的化学成分。辣椒素有好几种，各自辣法不尽相同。各种辣椒的辣度，取决于这些辣椒素的含量。

　　对于现代社会来说，辣椒的储存、运输都需要成本。而不同辣椒的辣度不同，也为食品生产的标准化带来了一定困难。如果把这些辣椒素提取出来，按照辣度进行调整，那么就比较容易实现辣度控制。实际上，从辣椒中提取辣椒素也不需要什么高科技。所以，虽然提取辣椒素需要成本，可是考虑到储存、运输所增加的成本及使用方便所带来的好处，提取辣椒素依然是有利可图的事情。

提取出来的辣椒素，就是通常所说的辣椒精。实际上，它最大的用途，至少在国外，并不是作为火锅或者烤肉的调料，而是作为"武器"使用。大家可以想象切了辣椒又不小心揉了眼睛的情况，就很容易理解这种提纯的辣椒精喷到别人眼睛里或者身上产生的后果。用辣椒精当"子弹"的武器，就是辣椒水。它被广泛用于警察驱散人群和女士防身，以及对付狼、熊等野生动物。

这种提取的辣椒精实际上是各种辣椒素的混合物。根据网络上能够找到的信息，大概国内市场上的辣椒精都是这样的天然提取物。不过，在各种辣椒素中，有一种能够被经济实惠地通过化学反应合成。这种简称为 PAVA 的辣椒素在辣椒中的天然含量不高，工业合成品在英国被广泛使用。作为调料使用的时候，它的热稳定性比其他的辣椒素要高。这对于烧烤、火锅之类的用途而言，是很有利的。

天然的辣椒味是由多种辣椒素共同产生的，单独一种成分很难实现整体的味道。这样的情况在食品香料中非常普遍，一个更为典型的例子是香草精。

在食品和香水行业中，香草味是一种很受欢迎的味道，它来自香草豆。香草的种植及香草豆的收获、加工都很复杂，所以天然的香草粉、香草提取物等价格都相当贵。

组成香草味道的化学成分极为复杂，据称现在人们能识别出来的就有100多种。这么多的不同成分按照特定的比例凑在一起，才能产生"香草味"这种特别的味道。

后来经研究发现，在那么多的化学成分中，最主要的是一种含有8个碳原子的酚醛化合物。它在经过加工处理的香草豆中能占到2%以上的比例。这种被称为"香草醛"或者"香兰素"的成分，正是产生香草味的"最大功臣"，甚至经常也被叫作"香草精"。

在现代工业中，像这种小分子的化合物，只要搞清楚了其分子结构，被工业合成往往就只是时间问题。像香草醛这样具有重要商业价值的东西，自然也就很快被合成了。它的味道虽然跟天然的香草味不一样，但是低廉的价格和大规模的生产能力使得"香草味"得以走进寻常百姓家。实际上，对于多数人，尤其是本无缘使用天然香草的消费者来说，香草醛的味道也足以令人满足。

辣椒精和香草精并非特例。各种食品香味，大都有这样的情况。天然提取的香精，动则有几十甚至上百种化学成分，但往往只有一种或很少几种成分对香味作出了突出贡献。合成香精就是通过人工合成得到的这些组分。比如，柑橘的酸味来自柠檬酸，气味则来自醋酸辛酯；黄油的味道来自丁二酮（又叫双乙酰）；香蕉的香味来自醋酸异戊酯；菠萝的香味则来自醋酸丙酯。这些成分都是有机小分子，结构很容易确定，也就不难通过化学合成得到。

这些合成香精的味道虽然跟天然香精不完全一样，但从化学本质上来说，跟植物天然产生的并没有区别。人们经常担心的是合成的香精中会不会含有有害的化学物质残留，这样的担心当然是完全合理的。不过需要知道的是，天然产品，比如辣椒，或者天然香精，也同样可能含有有害的化学物质残留。

一种用于食物的成分是否安全，并不由它是天然的还是合成的来决定，而是由它本身是什么成分、经过什么样的生产加工过程来决定。对于消费者来说，大可不必闻"精"色变。在担心之前，不妨追究一下它是否符合国家制定的食品安全法规。

风味之外，
辣对健康影响如何

辣椒传入中国的历史不过数百年时间，如今已经成了中餐中最具代表性的风味之一。除了它带来的特有风味——"令人愉悦的痛"，吃辣对于健康又有什么样的影响呢？

世上的辣椒有千百种

世界各地有各种各样的辣椒，谈到不同辣椒的第一个话题，无疑是有多辣。

辣，是如何来衡量的呢？

辣并非一种味道，而是辣椒素与人体辣椒素受体结合时产生的痛觉。一种辣椒有多辣，自然也就取决于含有多少辣椒素。运用现代分析技术，可以识别出几种辣椒素分子的化学结构，并且精确地测定出它们的含量。有了辣椒素的含量，自然也就可以比较辣椒的辣度。

不过，面对辣椒素的含量数字，我们并不能想象出它到底有多辣。在一百多年前，人们还没有那么先进的设备去分析辣椒素。辣椒有多辣，只能把人作为仪器去测量。

1912年，药师史高维尔设计了一种分析方式。他把辣椒用糖水进行稀释，然后让人们来尝。稀释倍数越大，辣味也就越淡，一直稀释到尝不出辣味为止。他把这个"尝不出辣度"的稀释倍数定义为"辣度"，命名为史高维尔单位，简称为SHU。

经过人类多年来的培育，形成了形形色色的辣椒，其中的辣椒素含量相差巨大。通常大家吃的辣菜，比如川菜、火锅等，辣度大致在1000 SHU上下。市场上常见的朝天椒，辣度能达到5万到10万SHU，直接吃的话，普通人已经不会感到愉悦了。目前世界上最辣的辣椒，辣度超过了200万SHU。

不辣的辣椒，是很好的蔬菜

辣椒的魅力在于它的辣。太辣的辣椒只能作为调料，营养成分似乎也就无关紧要了。不过，并不是所有的辣椒都是辣的，比如柿子椒，它几乎不含辣椒素，可以作为蔬菜来吃。

其实，辣椒是很好的蔬菜。100 克柿子椒的热量大约 20 千卡，只占普通成年人一天摄入总热量的 1%，而其中的维生素 C 含量几乎可以满足一天的需求。此外还有很多营养成分也相当可观，比如膳食纤维、B 族维生素及铁、镁、钾等矿物质。实际上，这些营养成分在辣的辣椒中含量更高，只是吃不了太多，也就不那么重要了。

辣椒对健康是好是坏

当年有位红遍全国的"养生大师"，宣称"肺癌是吃辣椒吃出来的"。后来随着大师被揭批而销声匿迹，"把吃出来的病吃回去"也就成了一个笑话。不过，经常有医生和营养专家建议"少吃辛辣食物"，许多人也就会纠结吃辣是不是不利于健康呢？

辣椒与癌症的关系有过一些研究。最早的一项研究是在墨西哥城进行的病例对照调查，发现"吃辣椒和患胃癌之间可能有相关性"。此后还有一些其他地方的调查也有类似的结果，不过这本身只是显示了一种"相关性"，并不意味着吃辣椒导致胃癌。此外，也有一些学者认为那些调查在设计上存在缺陷，结论并不可靠。

还有研究者用辣椒素去处理肺癌细胞，发现它可以抑制特定种类的癌细胞增生。在进一步的动物实验中，也显示了辣椒素对于这种癌症的治疗"可能有价值"。

虽然这项研究设计良好，而且细胞实验和动物实验的结论相当一致，具有比较高的学术价值，但这毕竟只是细胞实验和动物实验，并不能推广到人类身上，得出"吃辣椒防治癌症"的结论。

对于食物，我们更关心它对健康的整体影响。哈佛大学在2015年发表了一项研究，其跟踪了近50万中老年人数年之久，然后分析他们的饮食与死亡率的关系。在排除了其他已知的影响因素之后，他们发现，那些几乎每天都吃辣的人，比每周吃辣不超过一次的人，死亡概率低了14%；经常吃辣的人群中，死于癌症、心脏病和呼吸道疾病的比例要低一些。

从科学证据的等级上说，这些研究算不上证据确凿，不过总体而言可以认为经常吃辣不会危害健康，而且很可能有益。

吃辣会长痘吗

人们经常说"吃辛辣油腻的食物会长青春痘"。其实，这里有很多误区。

痘的产生源于皮肤上的毛囊被阻塞，阻塞的直接原因往往是皮脂腺的分泌物及皮肤上脱落的细胞和死去的细菌。从目前的科学认识来看，"皮脂腺分泌物阻塞毛囊"源于体内激素水平变化，以及一些药物和情绪压力的影响。

某些饮食对于长痘有一定影响，比如奶制品、糖果等，而"油腻""辛辣"的食物影响并不大。不过，吃辣的食物之后容易出汗，长了痘的人会感觉更不舒服，如果再去用手抓挠，那么就可能使原有痘的红肿加剧，显得长痘严重了。

吃辣过度，愉悦就变成了痛

从生理上说，辣是一种痛觉。通常我们都不愿意承受"痛"，但是辣产生的痛却受到许多人的喜欢。这个悖论的科学解释是：人的身体中，辣椒素受体也是感知高温和痛觉的受体；辣椒素与受体结合之后，激发受体产生神经信号传递到大脑，大脑并不区分是哪种因素产生的信号，都会激发神经元分泌内啡肽；当痛觉过去，内啡肽产生的愉悦就占了主导。

不过，不同的人对于"痛"有不同的承受阈值。如果超过了自己的承受阈值，那么内啡肽带来的愉悦就不足以抵消痛觉，我们也就不会感到舒服了。这个承受阈值高的人，我们说是"能吃辣"，而承受阈值低的人，就是"不能吃辣"。实际上，"不能吃辣"的人也能够体验到吃辣的愉悦，只不过需要的辣度比"能吃辣"的人低而已。

干燥，
让食物变好了还是变坏了

　　干燥是人类最古老的防腐手段，甚至可能没有"之一"。对于远古的祖先，虽然食物匮乏，经常吃了上顿没有下顿，但还是有食物吃不完的时候——保存起来以备不时之需，也就有了迫切的需求。

　　他们当然不知道防腐的原理。而从今天的科学认知来说，食物变坏首先是因为微生物的生长。细菌和真菌把食物转化分解，会让食物变酸、变臭，还可能产生一些毒素——我们称之为"食物腐坏"了。它们的生长需要"种子"、水分、营养物质及适宜的温度与酸碱环境。我们的环境中充满了细菌和霉菌，微生物的"种子"从来不会缺乏；食物对于人类是营养物质，对于微生物也是；对于古人的"原生态加工"来说，酸碱度都不会太高，也无法控制温度。所以，水含量几乎是他们唯一能够操控的因素。

降低食物的水含量，只需要用烟火烘烤，或者放在太阳下晒干，甚至在通风的地方也可以"阴干"。只要把食物中的含水量降到足够低，那么即使上面还有细菌或者霉菌的"种子"，也没有机会再发展起来，食物就可以长期保存。

对于粮食来说，这尤为重要。粮食是农作物的种子，除了微生物导致的变坏，它们本身并没有失去生命力，在温暖潮湿的环境下还会发芽。干燥也是避免萌发的关键。

当人们收获一批粮食，脱水干燥其实就是和发芽、长霉、长菌争夺时间。如果长霉、长菌占了先机，那么到不了干燥，粮食就坏掉了；如果脱水干燥占了先机，那么发芽、长霉、长菌也就没有机会。在以前的农村，每家的房前都得有空地，否则收割之后就需要争夺公用的晒谷场。如果不能尽快把粮食摊开晒干，一年的辛苦就可能付之东流。当没有足够的晒谷场地时，农民们会把粮食晒在公路上，虽然这既不卫生也不安全，但也是能在变坏之前把粮食晒干的无奈之举。

　　肉干的情况也是类似。相对于粮食，肉没有外皮的保护，更适合微生物生长，且干燥所需要的时间更长。所以，制作肉干比晒干粮食的难度更高。比如牛肉，我国西北地区温度较低、空气干燥而且风大，就比较容易实现"变坏之前就干了"。而在我国南方，空气湿润，牛肉甚至不容易通过晾晒把含水量降到细菌和霉菌无法生长的程度，所以南方制作肉干容易长霉变坏。在现代加工中，为了保障安全，往往需要使用一些防腐剂。

　　干燥只是食物保存的一个必要条件，并不是说只要干燥了就高枕无忧。比如粮食，可能在地里时就有虫卵，储存环境中也可能有一些虫卵进入。在适当的时间，这些虫卵孵化成虫，粮食上就出现许多空洞。虽然一般而言，这些粮食也还是可以食用，但总感觉是"坏掉"了，而且粮食的风味口感也会变差。

　　从营养的角度说，经过脱水干燥，食物中会损失一定的营养成分，尤其是很多维生素会损失严重。以大枣为例，100克鲜大枣中维生素 C 的含量可以超过240毫克，而干燥之后维生素 C 的含量却降到了10毫克左右，几乎可以说是损失殆尽了。好在食物中的其他营养成分，比如蛋白质、脂肪、碳水化合物和矿物质，基本上不会受到干燥的影响。而粮食本身也不是维生素的主要来源，所以很多时候，风干还是对其进行保存的首选方式。

风味口感是食物至关重要的一个方面。不管哪种食物，经过干燥，风味和口感都会发生明显的变化。

多数情况下，这种变化是"不好"的——比如水果和蔬菜，香味往往来源于酯类、醇类化合物。在干燥过程中，这些物质很容易挥发或者转化，干燥之后的水果和蔬菜往往只剩下了甜、酸、苦、涩等味道。果蔬的干燥，无论从营养还是风味来说都损失巨大，它们的存在，完全就只是没有其他办法的办法。

不过也有例外。在干燥过程中，有一些风味物质会发生转化，典型的例子是牛肉和蘑菇。鲜牛肉中有一些肌苷酸的前体，在干燥中会转化成肌苷酸盐，而蘑菇中有许多鸟苷酸的前体，在干燥中会转化成鸟苷酸盐，它们就是通常所说的"呈味核苷酸盐"。这些盐本身也能产生鲜味，不过通常的含量下鲜味并不明显。它们最厉害的地方是跟谷氨酸盐产生协同作用，互相放大彼此的鲜味，这个放大，可以高达数倍。所以，我们吃牛肉干，总是会觉得比鲜牛肉更香；而用干香菇去炖肉，会觉得比新鲜的香菇要更加鲜美。

　　这种风味物质的转化现象，在茶中更为明显。有的茶，比如绿茶和红茶，制成茶叶之后，水分会下降到微生物完全无法生长的地步，所以从食品安全的角度说，茶叶放很长的时间也能喝。但是，茶叶中的风味物质，比如茶氨酸、茶多酚、茶多糖等，在存放中会慢慢发生降解或者转化，从而导致茶不再好喝。茶叶的保质期，其实是变得不好喝的时间，而不是过期了就不能喝了。

　　白茶和黑茶却是例外。它们闻起来没有什么突出的香味，特色在于喝起来的味道和口感。在存放的过程中，白茶和黑茶没有太多香味物质可以损失，且如果保存条件适当，有一些味道不那么好的物质会转化掉，从而在整体上呈现更好的味道和口感。所谓的"白茶越老越好喝""黑茶越陈越好"，就味道和口感而言，在良好的储存条件下是有可能发生的。

广东人煲的汤，
到底喝的是什么

煲汤是广东饮食文化里最重要的组成部分之一。传统上，"煲汤"甚至被作为烹饪和照顾家人健康的能力。不过随着人们对于营养与健康的关注，煲汤也引出了许多争议。有人认为它是食材精华；有人认为它是垃圾食品，说它几乎就是"嘌呤炸弹"。

《2017年中国痛风现状报告白皮书》显示，广东省痛风患者人数居全国首位。广东地区流行病学调查发现，痛风发病率为3%。尿酸超标者达10%以上，全省痛风患者人数已破百万。这似乎佐证了"煲汤是痛风的罪魁祸首"这种说法。

广东人煲的汤，真的是痛风的罪魁祸首吗？从食品和营养科学的角度，到底应该如何评价它呢？

汤里有什么

广东人煲汤，首先是要用一些蛋白质丰富的动物食材，比如猪牛羊的棒骨和排骨，或者带皮带骨的鸡鸭，以及一些水产品等。动物食材再加上一些食药两用的植物原料和香料，经过长时间的小火慢炖，最后得到颜色浓白、味道鲜美、口感黏稠的汤。

"颜色浓白"来自脂肪。骨头和肉中所含的丰富脂肪被煮到汤中不停地翻滚，被蛋白质分散成小乳滴，就像牛奶一样呈现白色。煮的时间越长，骨头越多，煮出来的乳液就越浓，看起来就越白。

"味道鲜美"是煲汤最吸引人的地方。食材中有一些脂溶性的香味物质，会随着脂肪一并进入汤里。肉和骨头中有一些游离的氨基酸，还有一些蛋白质在长时间高温炖煮的过程中发生了水解，也会释放出一些氨基酸。比如，谷氨酸就是味精的化学成分。骨头和其他一些煲汤的食材（比如蘑菇之类），还含有比较多的肌苷酸和鸟苷酸，在炖煮过程中也会跑到汤中。一些游离氨基酸具有鲜味；而那些核苷酸虽然自己产生的鲜味有限，但当它们与氨基酸发生"协同作用"时，就会香味倍增；此外，一些游离的氨基酸还能与汤中的糖发生反应，也会生成独特的香味物质。这些来源不同的风味物质在一起，就为汤带来了浓郁的鲜味。炖的时间越长，进入汤中的这些成分就越多，汤的滋味也就越鲜美。

"口感黏稠"来自胶原蛋白。肉中有一定的胶原蛋白，而骨和皮中的含量则极为丰富。胶原蛋白分子量大，在高温炖煮的条件下，逐渐溶解到水中，并形成胶体颗粒，当温度下降时，汤就会变得更黏稠。如果汤中的胶原蛋白浓度足够高，降温之后它们之间会发生交联，把汤中的水分子等其他成分都固定在其中，形成的固体也就是"皮冻"。

煲汤是食材的"精华"吗

除了水，汤中的主要成分是脂肪和一些蛋白质。

其实，食材中的蛋白质大部分依然留在食材中，汤中的蛋白质含量很低。即使是看起来很浓的汤，蛋白质的含量也并不高。胶原蛋白的增稠性能好，只需要适当调整的浓度，就可以显示出"浓稠"的状态了。

而脂肪并不是我们想要的营养成分，对于大多数人来说，脂肪是需要控制、减少摄入的营养成分。

除此之外，汤中的其他成分乏善可陈。

比如很多人喜欢说的矿物质。骨头中含有大量的钙，所以许多人相信骨头汤可以补钙。但是骨头钙主要以磷酸钙的形式存在，很难溶于水。根据相关研究显示，即便是加醋来炖，食材中所能"溶出"的钙也很少。比如猪腿骨炖煮4个小时，不加醋的话每千克骨头煮出13.3毫克钙，还不如自来水中本来含有的钙多；即便用2％的醋去煮，也只能煮出252毫克钙。虽然增加了近20倍，但总量仍没有一杯牛奶多。更重要的是，加这么多醋之后，骨头汤就变成了酸汤，味道完全不同了。即便是煮到12个小时，煮出来的钙也还是很少。

此外需要注意的是，经过长时间炖煮，虽然钙等营养成分的浸出率会增加，但同时铅等有害物质的浸出也会增加。虽然煮出来的铅含量也还是不超过自来水国家标准中对铅的限量，但它对人体毕竟是有害无益的，摄入量是越低越好。

此外，在炖煮过程中，虽然食材中的一些可溶性维生素会"跑"到汤里，但受高温的影响，这些营养物质也会逐渐损失。

所以，总的来说，长时间煲汤，能够有更多的营养成分从食材溶到汤中。如果只考虑汤，那么其中的营养成分总体上是增加的；但如果把汤和其中的食材综合考虑，其实整体营养是降低的。

汤中含有高嘌呤吗

汤中的嘌呤是一个备受关注的话题。

首先需要明确的是，煲汤的过程并不会产生嘌呤。汤中的嘌呤来自食材，食材中的嘌呤高，进入汤中的就多；食物中的嘌呤少，进入汤中的就少。

在中国人常见的食物中，动物内脏是嘌呤含量最高的食物，比如肝、腰、心、脑、胰脏等。此外，鹅、某些鱼类（比如沙丁鱼、青鱼、三文鱼等）、扇贝等嘌呤含量也很高。100克这些食物所含的嘌呤，通常能达到200毫克以上。其次是各种肉，比如猪肉、牛肉、羊肉、水产等，通常嘌呤含量在每百克100 ~ 200毫克。

有的食物如果按干重来计算，嘌呤含量也很高。比如牛肝菌，100克干货的嘌呤含量可以排入第一阵容，而100克干豆中的含量也可以与第二阵容中的各种肉比肩。不过，如果按照泡发之后的重量来计算，它们的含量就要低多了，比如每百克豆腐的嘌呤在60 ~

70毫克。这个量跟燕麦片、西蓝花、豌豆、菠菜、青椒、香蕉等嘌呤含量比较高的蔬菜、水果差不多。

嘌呤易溶于水。在炖煮过程中，很快就溶到了汤中。有研究显示，肉中的嘌呤在炖煮的前10分钟迅速降低，之后缓慢降低，在30 ~ 80分钟趋向稳定；而汤中的嘌呤，则是前10分钟迅速增加，10 ~ 50分钟缓慢增加，50 ~ 80分钟趋于稳定。不过，汤中的嘌呤和肉中的嘌呤加起来，总体上是下降的。

也就是说，煲汤的过程，一方面食材中的嘌呤会溶到汤中，另一方面有一部分嘌呤在降解转化。当把汤煲到1个小时以上，汤中的嘌呤基本上就达到了最高值；再继续煲几个小时，含量不会增加，甚至有可能降低。

总体来说，煲好的汤中会含有一定量的嘌呤，具体的量跟所用食材的嘌呤含量及煲汤所用的食材量有关。但不管如何煲，汤中的嘌呤总量都只是食材中的一部分，不会比采用其他烹饪方式把食物全部吃掉所摄入的嘌呤更多。

浓汤中的盐

煲汤的另一个争议是其中的盐。

煲汤的基本要求是好喝。咸味和鲜味协调，是一碗汤好喝至关重要的方面。一般而言，对于大多数人来说，"好喝的汤"中盐浓度会在1％以上。也就是说，一碗200毫升的美味浓汤，盐的含量往往会超过2克。相对于每天6克的"推荐摄入量"，一碗汤中的盐相当可观。

有的人会说自己喝的汤很清淡 —— 这当然有可能。但需要注意的是，清淡是一种主观感觉，跟其中含有多少盐是两码事。

汤中到底含有多少盐，自己煲汤的话可以估算一下：煲好的汤及其中的食材共有多少克，其中加入了多少盐，喝一碗汤又有多少，从而可以估算出喝一碗汤会摄入多少盐。

最后总结一下：煲汤是一种美食、一种传统、一种生活方式，从营养的角度说，它不具有传说中的"养生功效"，在营养成分上甚至乏善可陈。不过，这毕竟只是饮食中的一个组成部分。而健康并不取决于单一食品，我们也不需要所吃的任何一种食物都是健康的。美味是它的价值，如果把它置于整体的饮食结构中，通过合理的搭配，既享受美味又不至于太过不利健康，就要考验每个人的"饮食智慧"了。

河豚"解禁"，
并非随便买卖随便吃

河豚被列为"长江四鲜"之首，在美食爱好者心中有着无与伦比的地位。北宋著名的吃货大文豪苏东坡，就写过"蒌蒿满地芦芽短，正是河豚欲上时"的名句。不过在1990年，卫生部发布了《水产品卫生管理办法》，明确规定"河豚鱼有剧毒，不得流入市场"。从此，买卖河豚，就变成了非法行为。

2016年9月，农业部办公厅、国家食品药品监督管理总局办公厅联合发布了《关于有条件放开养殖红鳍东方鲀和养殖暗纹东方鲀加工经营的通知》。监管部门解禁河豚，从此以后，人们可以公开、合法吃河豚了。

河豚为什么会有从"禁"到"解禁"的过程？它到底有多毒？解

禁之后如何来保证安全呢？让我们从河豚的特性说起。

河豚——动物界的"自卫之王"

河豚并不是一种鱼，而是泛指鲀形目中若干个科所属的鱼类。世界上的河豚有一二百种，在中国有40多种。最小的只能长到几厘米，最大的可达几十厘米。

河豚具有别具一格的自卫手段，堪称动物界的"自卫之王"。在受到捕猎威胁时，它们可以吸入大量的水或者空气，把身体膨大数倍，让天敌难以咽下。有些河豚还有一块覆盖整个身体的、又硬又长的骨头，身体膨胀使得这块骨头更加突出，也增加了天敌的捕食难度。

如果这两种自卫手段都没有奏效，河豚还有终极的自卫手段——你敢吃我，我就毒死你。河豚的卵巢、内脏、皮肤等部位，有高效的河豚毒素。这种毒素是一种神经毒剂，按照小鼠的口服半数致死量来比较，其毒性大约是砒霜的70倍。

有了河豚毒素的保护，绝大多数捕食鱼类对于河豚都敬而远之。不过，也有动物进化出了对河豚毒素的抗性，比如虎鲨等，就成了河豚的天敌。

吃河豚要"拼死"

人类显然没有进化出对河豚毒素的抗性，所以吃河豚是很危险的事情。不过，由于河豚的肉实在过于鲜美，"拼死吃河豚"也就成了吃河豚的食客们津津乐道的豪情。据说，苏东坡就发出过为了吃河豚"值得一死"的宣言。

河豚毒素溶于水，能够抵抗高温。实际上，经过加热，其毒性反而更强，这也就意味着烹煮无法破坏其毒性。

日本人对河豚情有独钟，也是河豚毒素中毒最多发的国家。20世纪七八十年代，日本每年发生的河豚毒素中毒案例估计多达200起，其中死亡率高达一半。有文献报道，1996年到2006年，泰国记录的河豚毒素中毒案例多达280起——考虑到泰国的总人口，这个量实在不少。而在中国，虽然河豚曾经不准上市交易，但爱好者连"拼死"的决心都有，"违法"就更不在话下，所以时不时就能看到"×地市民吃河豚中毒"的新闻。

如此剧毒，为什么还会解禁呢

其实河豚毒素并不是河豚产生的，而是一种叫作"河豚毒素假交替单胞菌"的细菌产生的。它在河豚体内的出现有两种渠道。一方面是食物链的富集，细菌产生河豚毒素，溶解到水中，然后沉积到浮游生物的尸体上，被其他低等动物吃了之后就进入了食物链；还有一些细菌寄生于浮游生物上，也随之进入食物链。河豚处于食物链的较高位置，对食物中摄取的河豚毒素也有很强的富集效应。另一方面，河豚毒素细菌寄生于河豚体内，为它提供毒素来防卫捕食者，二者也算是互惠互利，互相依存。

不同种类的河豚体内的毒素含量不一样，在身体各部分的分布也不尽相同。比如日本附近的河豚，毒素主要在内脏，所以小心仔细地清除内脏，就能够清除毒素，获得安全无毒的河豚肉。中国海域和美国佛罗里达东岸有一些河豚浑身都是毒素，无法通过处理去除。而在美国佛罗里达东岸北部及日本的一些河豚，本身就不含有毒素，可以安全食用。

人工养殖可以对饲料和水域进行良好的监控，避免河豚毒素细菌，也就控制了河豚体内毒素的产生。那些本来就毒性很低或者无毒的河豚品种，在人工养殖的条件下，已经被证实毒性非常低，甚至达到无毒级。这样的河豚，就可以安全食用了。在《关于有条件放开养殖红鳍东方鲀和养殖暗纹东方鲀加工经营的通知》中被解禁的红鳍东方鲀和暗纹东方鲀，就是人工养殖的主流品种。

日本、美国如何管理河豚

河豚刺身在日本美食中有至高的地位。虽然有不少人真的为了吃河豚而丧命，但仍然挡不住日本人的热情。日本的监管要求是"经过专门培训和授权"的厨师才可以进行河豚的加工与烹饪。

美国人没有食用河豚的传统，但随着国际饮食文化的融合也逐渐有了爱好者。美国食品药品监督管理局（FDA）对于河豚毒性的多样性极为警惕，在1980年禁止了河豚进口。此后，日本政府一直与FDA交涉，要求开放市场。经过4年的艰苦谈判，1989年，FDA有限制地开放了河豚产品的进口。限制是：经过专门培训和授权的河豚厨师加工的指定河豚品种；通过唯一的口岸进入美国，再从那里分配到各地餐馆；餐馆需要经过专门授权才能经营河豚。当时，指定的品种只有红鳍东方鲀。

2007年，一些来自中国的有毒河豚通过非法渠道进入了美国，导致了一些中毒事件。针对这种现象，FDA和一些研究机构合作，开发检测方法来确定河豚产品的来源。在那之前，FDA用等电点电泳来分析样品的蛋白质图谱。这种方法是把样品中的蛋白质按照等电点的不同分离开来，形成"图谱"。不同的蛋白质组成，就会有不同的图谱。把未知样品的图谱与已知的标准样品比较，就可以判断未知样品的来源。但是，这种方法有很大局限，一是如果没有已知的标准样品，就无法判断；二是经过深加工，样品中的蛋白难以形成正常的图谱。经过这些研究机构的努力，最终开发了基于DNA的检测进口河豚的方法，并建立了不同品种河豚的DNA数据库。采用该方法和数据库，可以不受加工的影响，而准确地判断出样品是否属于可以安全食用的种类。

2014年，FDA更新了消费指南，建议消费者只食用两种来源的河豚：一是来自日本下关、经过授权的厨师处理的；二是在大西洋中部沿岸水域（弗吉尼亚州和纽约州之间）捕捞的。

尽管如此，美国也还是发生过一些河豚中毒事件。FDA的调查显示，那些导致中毒的河豚有些是在美国捕捞的，有的是非法进口的。

中了河豚毒怎么办

河豚毒素的作用方式是切断肌肉中的钠离子通道，抑制肌肉收缩。横膈膜的收缩被抑制，就会出现麻痹而导致呼吸困难，甚至致死。河豚毒素的分量和毒性会因鱼类品种、季节和地区的不同而不同。

河豚毒素中毒通常发生在食用之后20分钟到几个小时之内。典型症状有嘴唇及舌头麻木、恶心、呕吐、腹泻，以及头痛、无力、运动失调、颤抖、瘫痪、吞咽困难、呼吸困难、昏迷等，严重的出现呼吸衰竭和心脏衰竭。

目前没有河豚毒素的解毒剂，治疗方案是持续维持呼吸和心脏跳动，等身体自动排出毒素。在及时就医、正确处理的前提下，多数中毒者可以抢救过来，但其致死率与其他食物中毒的情况相比仍是非常高的。在前文提到的泰国河豚毒素中毒的280个案例中，有245起留下了治疗记录，其中239人痊愈、5人死亡、1人大脑受损。

美味的享受是自己的，健康与生命也是自己的，我们要在保障安全的前提下去享受美味。所以，河豚虽味道鲜美，但食用仍需小心谨慎，遵守法规。

闲谈啤酒

啤酒是世界上消费量最大的酒精饮料，广受人们喜爱。即使知道饮酒有害健康，人们也时不时会喝一些啤酒，比如吃火锅、吃烧烤的时候。

啤酒是怎么酿造出来的

啤酒很古老。从古至今，世界各地的人们发明了不同的啤酒酿造工艺，产生了风格各异、多姿多彩的啤酒。不过万变不离其宗，这些啤酒的核心工艺也还是相同的。

最经典的啤酒只用三种原料：水、麦芽和啤酒花，外加酵母。

发芽的大麦中产生了许多酶，这些酶把淀粉分解为糖，把蛋白质分解为多肽和氨基酸，这些可溶性的小分子物质被浸泡，再经过澄清、分离，就成了麦芽汁中的"浸出成分"。啤酒花是啤酒风味的核心，在加热过程中，啤酒花的可溶性成分进入麦芽汁，带来苦味及其他风味。

经过加热、浓缩，人们把麦芽汁的浓度调整到需要的标准，再加入酵母进行发酵。发酵过程中，由淀粉分解而来的糖和由蛋白质分解而来的氨基酸为酵母菌提供了基本的营养，而从啤酒花中提取而来的那些成分还可以抑制杂菌的生长从而保护酵母菌。

经过发酵，糖变成了酒精和二氧化碳，麦芽汁就变成了啤酒。

啤酒里有什么

有人把啤酒称为"液体面包"，源于麦芽汁中所含的大量糖。不同的发酵工艺，会把麦芽汁中的糖含量控制到不同的指标。通常的啤酒，这个糖含量会在6%～20%。这个指标就是啤酒标签上的"麦汁浓度""原麦汁浓度""麦芽度"等，用"°P"来表示。比如9°P，就表示发酵前的麦芽汁中含有9%的"浸出物"（主要是糖，也包括一些氨基酸及矿物质等）。

如果要比较营养价值的话，麦芽汁浓度越高，就表明其中的营养物质含量越高。当然，人们喝啤酒并不是为了营养，而是为了感官享受。也就是说，风味是首要的因素。啤酒的风味一部分来自麦芽汁中的浸出物，浸出物的含量越高，来自原料的风味物质也就越丰富。

这些浸出物大部分会被酵母消耗掉，转化为酒精和二氧化碳。所以啤酒中的酒精含量，主要跟原麦汁浓度和发酵程度有关。原麦汁度越高，发酵越充分，酒精含量就越高，通过发酵而产生的风味物质也就越多，风味就更加浓郁。

啤酒的风味中，灵魂是啤酒花带来的苦味。以这种苦味为基础，加上麦芽汁中浸出物的风味、酵母发酵产生的风味，以及酒精的苦味与啤酒花的其他风味，就构成了啤酒的最后风味。而这些风味来源的任何变动，都会改变啤酒的风味，可能变得更好，也可能变得更差。一切都是在原料、工艺与酿酒师的把握之中。

啤酒的新工艺

经典的啤酒只用大麦作为糖的来源，在德国，现在的啤酒还遵循着这种传统。

不过，食品从来都是不断发展的，经典与传统并不意味着更好。坚守着古法的，往往只能依靠面向小众群体去消费情怀。对于大多数消费者来说，"风味更好""价格更低"是永远的追求。相比于其他粮食，大麦的价格未免高了一些。作为一种面向大众的饮料，在"成本"与"经典"之间总要进行一些权衡和妥协，于是就出现了用其他淀粉或者糖来取代一部分麦芽的做法。虽然这可能改变了啤酒的"经典风味"，但经过精心的调整和配制，也还是可以得到被消费者接受甚至喜欢的风味。尤其是专门为代替麦芽制作的"啤酒糖浆"，可以说是在风味和成本之间找到了一个很好的平衡。

啤酒风味的关键成分啤酒花，是啤酒中最难以掌控的原料。品种、产地、气候、年成等，都会影响到它的风味，这就带来了很大的不确定性。对于一个小的酿酒作坊来说，这还不是什么太大的问题。对于大规模的工业化生产，产品一致性就至关重要，唯有标准化的产品，才好建立品牌。而啤酒花，就是实现啤酒风味一致性最大的挑战之一。传统上，大规模的啤酒厂可以把各地采购的啤酒花混合均匀，这样一年的产品就可以免受啤酒花品质波动的影响。

而科学家们则试图找到方便高效的解决方案。比如加州大学伯克利分校的研究者们，在识别出啤酒花关键成分的基础上，通过改造啤酒酵母，把合成这些关键成分的基因重组到酵母中。这样，酵母在发酵的时候，不仅把糖转化成酒精，还同时产生了啤酒花的风味成分。因为控制发酵远远比控制啤酒花的种植要容易得多，这样也就能大大提高啤酒风味的一致性。

啤酒对健康的影响：痛风与啤酒肚

对于很多人来说，炎炎夏日里，喝着啤酒撸着串，无疑是最接地气的生活。至于啤酒对健康的影响，爱喝的人们往往信奉着"适量饮酒有益健康"，然后一瓶又一瓶地"吹"着。

其实，"适量饮酒有益健康"这事儿根本不靠谱。一方面，这个说法只是针对心血管疾病，源于流行病学调查显示"适量饮酒的人群心血管疾病的发生率要比不喝酒和重度饮酒的人低一些"。但是，同样的调查显示"只要饮酒，就会增加多种癌症的风险"。即便"适量饮酒"真的对于心血管有一定保护，也要以增加癌症风险为代价，"得"是否超过"失"，也还是需要掂量掂量的。此外，人们在畅饮啤酒的时候，都是以"吹一瓶""来一扎"为单位，远远超过适量。

除了癌症风险，酒精也是痛风的风险因素。虽然它本身不产生尿酸，但是会抑制尿酸的排出，从而增加尿酸在体内的累积，增加痛风的风险。对于痛风的人，喝啤酒或者其他的酒，都要面临"畅快之后的无比疼痛"。

啤酒被称为"液体面包"，是因为它有很高的热量。不同的啤酒热量值不同，1听啤酒（350毫升）的热量一般在90 ~ 150千卡，有一些特别的啤酒热量可能更高。在社交场合，人们往往会喝得更多，光是啤酒中的热量就能达到几百千卡。很多时候，喝啤酒还伴随着吃烤串或者凉菜，吃下的食物也很多，热量就更高。经常喝啤酒，容易在不知不觉中增加体重。所谓的"啤酒肚"，就是这么形成的。

水啊，你该这么走

在欧洲有一条烤乳猪的秘诀：出炉之后立即砍下头，可以使猪皮更脆。这条秘诀和其他许许多多的厨房秘籍一起广为流传，大家姑妄传之，姑妄听之。信的人因为它是前人的经验而信，不信的人觉得只是迷信而一笑置之。

后来真的有人做过对比实验来验证这条经验的真伪。分子美食学的创始人埃尔维·蒂斯就探讨过这个问题。实验者在其他条件尽量相同的情况下烤了乳猪，出炉后有的立即去头，有的放置一段时间再去头。然后把肉端给客人，却不告诉客人哪份是立即去头的，哪份是放置一段时间再去头的。结果，多数客人判断出立即去头的那份更脆。也就是说，那条"秘诀"是正确的！

当然，这只是一个小规模的"单盲实验"，跟现代科学实验中

"大规模双盲对照"的黄金标准还有一定差距。不过，就评价食物而言，这样的实验也算是相当"科学"的了。

为什么烤好后立即去头会使乳猪皮更脆呢？蒂斯从物理角度进行了解释：在烤乳猪的过程中，猪皮表面的水在不断蒸发，而猪肉中的水会源源不断地从里往皮扩散。因为猪皮表面的温度高，蒸发速度快，而猪肉内部的温度低，水的传递速度也比蒸发要慢。对于猪皮来说，失去水的速度大于水流过来的速度，所以皮中含水量越来越低，水越少，皮也就越"脆"。烤好出炉之后，猪皮表面的温度骤然降低，水的蒸发速度也大大降低。而内部的温度依旧，水还是源源不断地向猪皮传递。这时候，猪皮失去水的速度慢，而流过来的速度快，导致皮中的含水量逐渐升高，脆皮也就慢慢变软了。烤好之后立即去头，内部的水分从断口离开，就不会跑到猪皮上，从而保持了脆。

对于一般人来说，大概不会去烤乳猪。不过烤乳猪这条经验所蕴藏的科学原理是广泛有效的，在我们的厨房中也能找到许多应用。比如下面这两个例子。

用电饭锅煮饭，饭煮好之后电源自动关闭。如果这时候立刻打开盖子盛饭，会发现表层的米饭很稀，而锅底却紧紧粘着一层锅巴。那层锅巴不仅无法盛出，也很难清洗。这是由于在煮饭过程中锅底温度高，水会"流"向米饭表面，因此与锅底接触的那层米饭就越来越干。米饭越干，与锅底的结合就越紧密，也就越难盛出。如果饭好之后不立刻揭开锅盖，而是让饭再"焖"一会儿，情况就大不一样了。随着电源的关闭，锅底的温度逐渐降低，而米饭表面的水及锅内的水蒸气又会逐渐"流"向锅底，最后锅巴吸水变软，就能够轻易盛出来，盛完之后洗锅也很容易了。明白了这个道理，如果不想等那么长时间，也可以把电饭锅装饭的那部分连着锅盖一起取出来，放到凉水中，就可以大大加快锅内水的重新分布，从而避免锅巴粘在锅底。

很多人都用微波炉加热过馒头，但是效果却不好。微波炉直接加热，会使馒头表面变得很硬，里面却还没热。这也是水"流动"的结果。许多人认为微波炉从食物内部加热，其实是不对的。微波炉也是从表面加热。表面温度升高之后，水就蒸发掉了，所以表面就变硬。而微波达不到内部，只能靠外面的热量慢慢往里传。微波炉加热效率很高，表面很快变热变硬，而热量却还来不及传进去，所以里面就还是凉的。要解决这个问题，就需要把馒头封闭在一个空间中，最好再提供一些水。这样，那些水很快被加热蒸发，不仅阻止了馒头皮中的水蒸发，还会往馒头内部传递。这不仅保证了馒头不变干，还加快了内部温度升高的速度。现在有一些微波用具可以"蒸"热馒头，用的就是这一原理。如果没有这样的用具，也可以把馒头放在碗里，同时放一张打湿的餐巾纸或者湿纱布，再用可以微波加热的保鲜膜把碗口封好，这也就是山寨版的"微波炉蒸具"了。

食物的口感跟含水量密切相关。所以，在现代食品中，控制水的"流动"就成了质量控制非常重要的方面。食物中有水，空气中有水蒸气，在它们处于平衡状态的时候，食物就处于一种稳定的状态。如果空气比较干燥，水蒸气含量低于跟食物中的水平衡的含量，食物就会失去水。比如水果、馒头、米饭，含水量很高，在干燥的空气中就会失去水而慢慢变干。有的苹果会在表面涂一层蜡，除了好看，更重要的目的就是防止水分流失。如果空气比较湿润，水蒸气含量比跟食物中的水平衡所需要的高，水就会"流"向食物中。比如饼干，含水量很低，很脆，在潮湿的空气中就会吸收水而慢慢变软。要防止饼干吸水，就需要密封包装。实际上，饼干这一类食品，决定保质期的因素往往并不是腐败变质，而是吸水变软导致口感发生变化。

酸是一种味道，
又不仅仅是一种味道

　　人类演化出能尝到、闻到味道的本领，是为了更好地适应环境，增加繁衍生息的概率。在酸甜苦咸鲜五种基本味道中，苦是对有毒物质的检测，对于远古时代的人，接触到的苦味基本上来源于植物产生的毒素。而酸，通常也被当作类似的检测手段，对于他们来说，最常见的酸味来源有两种：一是未成熟的果实，二是腐坏变质的食物。

　　从生化反应的角度说，酸味是氢离子产生的——氢离子与人体的互动，是通过某种离子通道来实现。也就是说，氢离子或者带着氢离子的酸根，通过味蕾上的通道激发了相应的神经信号，传递到大脑被解读为"酸"。不过，虽然生命科学已经相当发达，科学家们对这个过程的详细机理也还是所知不多，更多解释只是一些机理假设，以及佐证那些机理的部分证据。

不过对于普通公众来说，人体到底是如何感知酸味的只是茶余饭后的"科学谈资"。科学家们知道或者不知道，并不会影响人们的生活。

什么东西是酸的？如何用酸让食物更美味，才是我们关注的重点。

在化学上，能够离解出氢离子的物质被定义为酸。一种水溶液中氢离子的含量决定着它的酸度，科学上用一个数字来表示，称为pH值。pH值为7表示中性，pH值越小表示酸性越强。有意思的是，酸性跟酸味强弱并没有对应关系 —— 比如在相同的pH值下，醋酸尝起来比盐酸要酸得多，尽管在化学上盐酸是强酸，而醋酸是弱酸。

原因在于，一种酸的强弱是根据它离解出氢离子的能力来衡量的。强酸到了水中，会把所有的氢离子都离解出来；而弱酸在水中，只有一部分离解，还有相当一部分跟酸根结合在一起，并没有成为氢离子。这样，为了达到相同的pH值（意味着水中有相同浓度的氢离子），弱酸的浓度会比强酸要高。虽然氢离子浓度是一样的，但到了味蕾那里，强酸中的氢离子通过了离子通道，通道外的就少了；而弱酸中的走了一个还能离解出一个来，于是通道外的浓度就会比强酸的要高。

这一特性使得烹饪中都是用弱酸来调味，比如醋酸和柠檬酸，酸味更加稳定持久；而在食品加工中则往往用强酸来调节 pH 值 —— 离解出氢离子的效率高，所以用量小，几乎不影响食物的营养组成。

对于远古的人类，酸味并不是"好食物"的特征。在后来的历史进程中，人们逐渐发明了各种发酵食品，如酸菜、泡菜、酸奶、果醋等，在"友好细菌"的作用下，碳水化合物变成了各种有机酸，相应的食物风味变得别具一格。

酸味，逐渐逆袭成了美好的味道。

世界各地的传统美食中，"酸甜"都是相当流行的一种口味。比如在美国的中餐馆里，都会有一道名为"左宗棠鸡"的菜 —— 美国人耳熟能详，而初到美国的中国人往往一脸发蒙。这道菜是酸酸甜甜的鸡肉块，在美国极具号召力，以至于在《生活大爆炸》中成了谢耳朵经常吃的中餐。左宗棠，尽管这道菜跟他没有任何关系，也或许因为这道菜而成了在美国知名度最高的中国人之一。

而对于中国人来说，很大程度上代表着美国食物（甚至美国文化）的可乐，也是这种酸甜口味的代表。糖刺激分泌的多巴胺，磷酸带来的刺激，加上二氧化碳带来的气泡，汇成了"肥宅快乐水"。虽然每个人都说它不健康，但还是有无数人难以抵挡它的诱惑。

在现代食品里，酸不仅仅是一种味道，还是保障食品安全的一种基本手段。远古人类闻到食物发酸，就知道它们"坏了"，而现代人则故意把食物弄酸，从而更容易保存。

食物的腐坏是因为细菌的生长，而加热是杀死细菌最常用、最有效的手段。不过，一些顽强的细菌能够形成芽孢，从而能够经受住煮沸温度的考验。一旦有了适合的条件，它们就能够萌发成细菌破坏食物。但如果把食物变成酸性（常规是 pH 4.6 以下），只需要在 90℃的温度下加热 10 多秒钟，就能够把细菌芽孢彻底杀灭。如果食物酸性不强或者是中性的（比如肉、粥、中性饮料等），就需要加热到 121℃以上至少 20 分钟，才能把芽孢杀灭。在欧美，许多家庭有自制罐头的传统。如果高压锅的控温不够准确或者加热时间不够长，使得罐头中心没有达到 121℃，或者达到温度后的时间不够长，就可能留下幸存的细菌芽孢。在罐头的存放过程中，这些芽孢成长起来产生毒素，就会使这些罐头成为"毒食"。

为什么现在的西红柿没有以前的好吃

西红柿是世界各国人民都很喜欢的蔬菜之一，在世界范围内有各种各样的品种。人们经常说，现在的西红柿没有小时候的风味了。这种感觉的一部分原因是人们的"选择性记忆偏差"，小时候的食物不多，偶尔吃一次西红柿也就记忆深刻。不过，"风味越来越淡"确实是西红柿品种发展中的一个趋势，现在的西红柿，确实"不如小时候的好吃"。

农产品的特性主要是由基因控制的。在西红柿从"好吃"变得"不好吃"的过程中，发生了什么呢？

前几年，科学家们完成了西红柿的基因组测序。这个基因组是从世界各地的西红柿品种中测出来的。发表之后，科学家们继续寻找更多有代表性的西红柿，把测出来的基因汇总进去，从而完善

"泛基因组"——也就是某个物种所有基因的汇总，包括在所有品种中都存在的"核心基因组"，及只在一部分品种中存在的"非必需基因组"。核心基因组使得一个物种成为那个物种——比如西红柿是西红柿而不是茄子；而非必需基因组则使得品种之间存在差异——比如有的大个、有的小个，有的皮薄、有的皮厚，有的红色、有的黄色，等等。

　　之前完成测序的西红柿基因组大概有35000个基因。最近在《自然·遗传》上发表的一项研究加入了725个新的西红柿品种，包括很多西红柿的野生近亲。除了之前的基因组中已经有的基因，科学家又找到了4873个新的基因。

　　通过对这些基因进行分析，他们发现：在野生西红柿被驯化的过程中，总的基因数是在下降的。他们把野生西红柿到小西红柿的变化称为"驯化"，把小西红柿到大西红柿的变化称为"提高"。在"驯化"过程中，只有120个基因的出现频率增加了，而有1213个基因的出现频率降低了。而在"提高"过程中，出现频率增加的基因只有12个，减少的有665个。总体而言，在西红柿品种发展的过程中，基因的多样性是在不断下降的。

在这些基因中，存在一个叫作 TomLoxC 的基因。这个基因控制合成一个叫作"13-脂氧合酶"的蛋白。它的作用，对于脂肪酸和类胡萝卜素的分解有着至关重要的影响。而脂肪酸、氨基酸和类胡萝卜分解产生的短链醇、醛是西红柿香味的重要成分。

在西红柿的泛基因组中，很多 TomLoxC 的启动子区域被取代了。启动子被取代，意味着这个基因不会被启动，也就不能发挥作用产生多种西红柿的风味成分。这个启动子在91.2%的野生西红柿中存在，在小西红柿中存在的比例只有15.1%，而在大西红柿中存在的比例只有2.2%。

科学家们还培育了一种 TomLoxC 基因被抑制而其他类胡萝卜分解基因保持不变的转基因西红柿。在成熟的西红柿果实中，他们检测分析了11种类胡萝卜分解物和脂肪分解产生的挥发性物质，结果发现：大多数脂肪分解产生的挥发性物质显著下降，在9个基因位置处于 TomLoxC 区域的类胡萝卜分解物也下降了。这清楚地表明 TomLoxC 的表达，对于西红柿的风味至关重要。

搞清楚了 TomLoxC 基因表达对西红柿风味的影响，就为将来西红柿的品种改良提供了一个方向。在保持目前的西红柿高产、耐

储存等优良特性的前提下，通过传统育种或者基因编辑技术，激活
TomLoxC 基因的表达，或许就能获得风味良好的优良品种。

第五味，
20 世纪才认清的味道

在世界各地的烹饪中，人们早就知道了各种肉类及一些植物性食材经过充分炖煮之后，会得到很好喝的汤。但是是什么物质导致了这种好喝，人们在漫长的历史长河中却一无所知。直到1907年，日本教授池田菊苗对水、鱼干和干海带煮出的日本"高汤"（Dashi）产生了浓厚兴趣。他认为，这种汤的浓郁味道必然来自鱼或者海带。

他选了海带来进行研究，用干海带煮汤，经过浓缩之后，逐渐分离其中的成分。1908年，他得到了一些晶体。这些晶体能够产生高汤的味道，他把这种味道命名为"Umami"，中文里对应的词就是"鲜"。

这些晶体就是谷氨酸盐，俗称"味精"。谷氨酸是组成蛋白质的基本氨基酸之一，在各种蛋白质中都大量存在。不过，作为蛋白质组成单元的谷氨酸被禁锢在了蛋白质长链中，只有经过水解释放出来，成为游离的谷氨酸盐，才能够产生鲜味。在天然食材中，游离的谷氨酸盐并不多，当人们把高蛋白食品进行发酵或者炖煮，可以释放出丰富的谷氨酸盐来，从而得到浓郁的"鲜味"。

味精是为食物增加鲜味最简单、直接的方式。通过煮海带、煮肉或者发酵蛋白的方式来产生谷氨酸盐，效率都不高。现代生物技术的发展，使得人类可以通过微生物发酵来产生谷氨酸盐，味精也就成了廉价易得的调味品。

尽管厨师们对于鲜味的掌控由来已久，工业化生产谷氨酸钠也早已成熟，但鲜味被正式认可为一种基本味道，则直到1985年才完成。所谓基本味道，指的是某些物质被人的舌头识别，从而感知到的特定味觉体验。在此之前只有酸、甜、苦、咸满足这个定义，于是鲜就成了人类的"第五味"。

不过，当时科学家们依然不知道舌头是如何感知鲜味的。又过了十几年，科学家们才在舌头上找到了鲜味的受体 —— 一个编号为 T1R1 的蛋白，它跟编号为 T1R3 的蛋白结合后，就能够与谷氨酸结合，产生神经信号传递到大脑，被解读为鲜味。

对味道的识别会为人类演化带来一定的生存优势。比如识别苦，有助于规避有毒的食物；而甜，则代表着迅速补充体力的糖。鲜味，或许代表着蛋白质。当人类尝到鲜味的时候，就会有更多的唾液分泌 —— 这不仅有助于湿润食物易于咀嚼，还含有一定的酶，对食物进行初步的消化。

谷氨酸通常以谷氨酸盐的形式存在。除了谷氨酸盐，丙氨酸和天冬氨酸等氨基酸也能产生鲜味。此外，鲜味受体还能够感知核苷酸 —— 肌苷酸盐和鸟苷酸盐是最常用的两种。它们本身的鲜味并不高，通常食物中的含量并不足以产生可感知的鲜味；它们的厉害之处在于，能够放大谷氨酸盐的鲜味。比如在鸡精中，只需要加入2%～4%的核苷酸，就能够把鲜味增加数倍。

前面提到过，核苷酸和氨基酸混合，鲜味大大超过二者的鲜味之和，这种现象被称为"协同效应"。在科学家揭示这一效应之前，世界各国的厨师们早已总结出了诸多利用这一效应的经验。比如奶酪中含有大量谷氨酸盐，而蘑菇中有许多鸟苷酸，西餐中的奶酪蘑菇汤也就鲜得腻人。土豆中含有丰富的谷氨酸和天冬氨酸所以自带鲜味，而肉类除了能够释放一定的氨基酸，还含有大量的肌苷酸，所以土豆炖牛肉、土豆炖排骨、小鸡炖蘑菇，都因为这种"协同效应"而格外鲜美。

基于这种协同效应，食品行业开发出了"鸡精"。它的核心成分是谷氨酸钠和呈味核苷酸，另外会加一些盐、糖、淀粉等配料，使得鲜味更浓郁而且丰富，比单纯的味精更加接近食材熬煮出的高汤鲜味。

鲜味还有一个有意思的特性，它能放大咸味，本身也会被咸味放大。咸味来源于钠，味精和鸡精中也含有钠，所以经常有专家告诉大家味精中含有"隐形钠"要少吃。这其实是一知半解，逻辑不清。盐中的钠和味精中的钠，都会产生咸味。当食物中钠的总含量相同，如果一份食物中的钠完全来自盐，而另一份食物中钠一部分来自味精或者鸡精，那么后者吃起来会比前者要咸。换句话说，如果我们烹饪的时候是把菜做到相同的咸度，那么"味精＋盐"的组合会比"不用味精"的做法需要的盐要少得多——即便是加上味精中的钠，我们摄入的钠还是要比只加盐要更少。所以，正常使用味精或者鸡精，不仅不会增加钠的摄入，反而有利于减少钠的摄入。

古人"以辣代盐"，
原来是有神经学基础的

古代贵州不产盐，附近的四川、重庆虽然产盐，但交通不便也很难运入，盐在贵州也就成了奢侈品。辣椒传入贵州之后，起初是作为观赏植物的，后来人们发现它作为调料可以大大增加食物的风味，辣椒也就在贵州流行起来。后来，人们发现它可以降低盐的需求，也就有了"以辣代盐"的说法。

盐是人体必需的营养成分，虽然日常生活中它是以调味品的身份出现。但是，盐对于现代人来说太过便宜易得了，以至于吃盐再也用不着考虑经济因素。于是，过多的盐就成了巨大的健康负担，会导致高血压，对于心血管健康也有不利影响。

"少盐"成了健康饮食的共识。但是，盐直接影响咸味，减少了盐，食物的味道也就不够了，所以所谓的"限盐勺"之类的"机械式减盐"，实质上是以牺牲口味为代价的 —— 如果不能降低对咸味的需求，这种"强行减盐"的方式并没有多大意义。

在食品行业，追求的是"降盐不降味"。也就是说，减少盐（或者钠）的摄入，但不能相应地降低食物的风味。用辣来增加咸味的强度，从而降低对盐的需求，就是方法之一。过去人们因为盐太贵而不得已"以辣代盐"，现在却成了健康饮食的方案之一。

为什么辣可以"代盐"？第三军医大学等单位的研究人员曾做过一项研究，对此做了较为完善的探索。

他们首先做了一项流行病学调查。调查对象共有606人，按照对咸味的偏好程度分为三组。统计发现，对咸味偏好程度高的组，对于咸味的敏感程度就更低。总体而言，他们需要更高的盐浓度才能感知到咸味，觉得"太咸"的盐浓度也会更高。对咸味的喜好程度，跟盐的摄入量和血压正相关。在剔除了统计到的混杂因素影响之后，对咸味偏好程度最高的那组比最低的那组平均每天多摄入1.8克盐，而收缩压和舒张压分别高5毫米汞柱和4.4毫米汞柱。

有趣的是，对咸味的偏好与对辣味的偏好负相关。在以对辣味的偏好程度为自变量的统计分析中，剔除了统计到的混杂因素影响之后，最喜欢辣味的组比最不喜欢的组每天少摄入2.5克盐，相应的收缩压和舒张压要低6.6毫米汞柱和4毫米汞柱。

仅针对流行病学的调查结果当然是远远不够。根据其他文献，研究者猜测辣椒素通过改变咸味信号的神经过程来降低对盐的需求。此前有研究显示，眶额皮质（orbitofrontal cortex，缩写 OFC）与味觉的体验与享受有关。

研究者用正电子发射计算机断层扫描技术（PET）观察浓度为150 mM/L 和200 mM/L 盐刺激下的脑岛和 OFC，确认摄入高盐和喜好高盐伴随着这些脑部区域的代谢活性增强。然后，研究者扫描了"150 mM/L 盐 +0.5 uM/L 辣椒素"刺激下的这些区域，发现其导致的代谢活性比200 mM/L 刺激的代谢活性要强。而且，辣椒素激活的脑部区域，与盐激活的脑部区域是重合的。这就说明，辣椒素通过激活大脑感受咸味的区域，改变了感知到的咸味强度。

为了验证这个结论，研究者们进行了动物实验。在150 mM/L和200 mM/L 的盐水之间，小鼠明显更喜欢舔150 mM/L 的，说明它们更喜欢这个咸度。当在其中加入辣椒素，小鼠就不喜欢了。如果人为地激活 OFC，小鼠就更加不喜欢 200 mM/L 的盐水，而是更喜欢 150 mM/L 的盐水。如果人为地抑制了 OFC 活性，小鼠对 200 mM/L 盐水的喜欢就会增加，而对 150 mM/L 盐水的喜欢就会下降。这说明，激活 OFC 会降低对高盐的偏好，而增加对低盐的偏好。此外，激活 OFC 之后，小鼠对 150 mM/L 盐加辣椒素的喜欢也会降低，说明辣椒素能够影响咸味在 OFC 上的感知。

简而言之，这项研究说明辣椒素通过刺激感受咸味的脑岛和 OFC，增加了对咸味的敏感性，从而减少对咸味的偏好。当在较少的盐浓度下也能满足对咸味的需求，也就可以愉快地降盐了。在同一期的杂志上，波士顿大学医学院的理查德·温福德（Richard Wainford）对这项研究做了推介，最后指出：基于这项研究展示的证据，吃辣或者在食物中增加辣味代表了一种新的生活方式，除了其他研究显示的有利于心血管健康的益处，还能减盐和降血压。

需要注意的是，"以辣代盐"是说在达到相同咸度的目标下，可以用辣来降低盐的使用。而在现代的餐饮业中，为了吸引消费者，经常是辣、咸、香、油都非常重。这种操作相当于调高了咸度

的目标 —— 也就是说，辣是在更高的咸度下"代盐"，实际吃下的盐还是很多。人的味觉有自适应性，习惯了高咸度，就会想吃更高的咸度。"以辣代盐"对减盐的帮助是有限的，如果迁就于餐馆的"重口味"，那么辣对减盐的帮助，就会被不断增长的重口需求而淹没了。

美国人居然搞了个
"我恨香菜日"

2月24日，美国的社交媒体上有用户把它定为"我恨香菜日"。活动宣传说：我们超过世界人口的10%，我们恨香菜！我们是正常人，我们的诉求很公平也很简单 —— 全世界的餐馆，如果你的菜品中含有香菜，在菜单上注明。

从营养的角度说，香菜是一种很优秀的蔬菜。除去92%的水，其固体成分中，主要是膳食纤维、蛋白质和矿物质，维生素也相当丰富。

在国外，香菜更是传统医学中"药食同源"的典型代表。除了新鲜茎叶，香菜籽也被当作调味料和药物使用。人们用香菜来解决各种消化问题，比如胃部不适、食欲不振、恶心、腹泻，等等，也用它来治疗麻疹、出血、牙痛和关节疼痛，以及细菌和真菌引起的感染。

香菜有着别具一格的风味 —— 喜欢它的人非常喜欢，讨厌它的人极度讨厌。所以，也就有了美国网民搞出来的"我恨香菜日"。

同一种植物，为什么有如此对立的评价呢？

研究人员针对这个情况曾进行过一项研究并发表了相关论文。研究调查了近3万名志愿者对于香菜的口味评价，并且检测了他们的基因，最终发现对香菜的好恶与一个嗅觉基因OR6A2附近的一个核苷酸多样性有关。OR6A2负责感知醛类物质，而香菜中有多重醛类物质，一些醛类物质被描述为"肥皂味"等令人不悦的体验。

因为这一相关性具有统计学上的"显著性"，所以被许多媒体解读成"对香菜的好恶由基因决定"，这是对科学上"显著性差异"的误读。其实研究人员在论文中给出了定量的结论：这个基因的差异对于人们是否喜欢香菜，影响只能占到8.7%。

简而言之，那项研究的结论是：遗传对于是否喜欢香菜确实有影响，不过影响并不大。当然，研究者也提到这项研究只探讨了跟一个单核苷酸多样性（SNP）的关系，也可能存在着其他的基因影响着人们对于香菜的好恶。

一般而言，人们对于一种食物的好恶更受后天因素的影响。

有的人在很多年里都是不吃香菜的，所谓的"不喜欢"，其实根本是没有尝过，就"选择了不喜欢"。因为在小时候家中"掌勺的大厨"不喜欢，家里也一直没有做过 —— 虽然别人家有，但总是听"大厨"说"那么难吃的菜，为什么要做"。所以，在小时候的印象里，香菜就是一种难吃的菜。

长大以后，当跟其他人一起就餐时，有时候食物里含有香菜 —— 或许是出于礼貌，也或许是出于"不想表现得特立独行"，所以也就勉为其难地去吃那些食物。感受是没有想象中的那么难吃，但也谈不上喜欢。

所以，他们对香菜的态度就是如果被问到要不要，会说不要；如果没有被问到，那么加了香菜做调料的食物，也能接受。

猪、羊的膻腥与奶腥豆腥，有啥不一样

很多食物会有一些特征性风味。比如羊肉，我们总是会想到膻；猪肉，很多人觉得腥；而牛奶和豆浆，也有"奶腥"和"豆腥"的说法。

这些令人不那么愉悦的风味，是如何产生的呢？

羊膻，主要是挥发性的脂肪酸

制作"假羊肉"的不法商贩会在"假羊肉"中加入羊油，风味就能够以假乱真了。同样，如果仔细地剔除羊肉中的油脂，那么膻味也就会淡了许多。

这是因为羊肉的膻主要来源于羊油中的一些挥发性脂肪酸，其中最重要的是4-甲基辛酸和4-乙基辛酸。尤其是前者，对于羊膻味的形成至关重要，而在猪肉中几乎没有它的存在，在牛肉中含量也很低。

这些"膻味脂肪酸"的含量主要是基因决定的，也就是跟羊的品种密切相关。在同一品种中，公羊比母羊和阉割后的羊膻味要重，成年羊比羔羊要更膻。此外，吃草的羊膻味要更重，而吃谷物饲料的羊膻味就要轻一些。这些因素影响了羊肉中"膻味脂肪酸"的含量。

猪肉的腥，受饲料影响很大

猪肉的腥味来源于饲料中的"腥味分子"，以及宰杀后的脂肪氧化。

如果猪食不够洁净卫生，比如过去经常用泔水和陈腐的饭菜喂猪，其中的那些腥臊的气味分子会被吸收进入血液，然后循环运输到猪的全身。肉中有大量的毛细血管，也就会有这些腥臊气味。

除此以外，猪油中有相当一部分不饱和脂肪。如果猪肉放得过久不新鲜了，不饱和脂肪会被氧化，也产生一些不好的气味。这些气味，也是"肉腥"的一部分。

影响猪肉腥膻的因素跟羊类似。不过在现实中，商品猪都是选育出来的优秀品种，经过阉割，养殖时间也较为固定，所以决定腥膻程度的基本上就是饲料和猪圈的卫生状况了。

奶腥跟奶味之间，并没有明确界限

奶的味道也跟奶牛吃什么密切相关。

比如青草中至少能检测出几十种具有"气味"的物质，包括萜类、醛类、酯类、酮类、烃类等挥发性物质。不同的植物所含的这些物质并不相同，双子叶植物就比禾本科植物含有更多的萜类化合物。

草长在地里的时候，新陈代谢正常进行，不会释放出太多的气味物质。当草被割下，草里的脂肪氧化酶就迅速激活。这些酶会氧化分解植物中的类胡萝卜素和脂类物质，释放出大量有"味道"的挥发性物质。一方面，奶牛吃草会把这些有味道的物质吸收进入血液，最后转移到奶中；另一方面，挥发到空气中的"气味物质"也能够被鼻子吸入，通过肺而进入血液系统，进入奶中的速度甚至更快。

也就是说，牛奶中有什么样的风味，取决于饲料的风味及饲养环境中的气味。用青草饲养，奶中就会带着青草中的风味物质；用工业化饲料喂养，奶味就较为平淡。

上文是指刚刚挤出来的牛奶，而消费者拿到手中的牛奶，还要经过"收集—运输—加工—运输—分销"的过程，这个过程中还可能产生风味的改变。比如，挤奶环境中的异味不仅可以通过奶牛的呼吸引入奶中，还可以直接被吸收进入挤出来的奶中；挤出来的奶，如果没有很好地防止细菌生长，逐渐增加的细菌也会代谢产生一些异味，即便最后通过杀菌消灭了细菌，但这些异味物质却无法消除；此外，清洗容器所用的清洁剂、水的酸碱性、加工储存容器上的金属离子，也可能影响到奶中的脂肪氧化，从而产生一定的哈喇味。

牛奶中可能出现的风味物质来源多样，有的是美好的风味，有的是异味。前者我们称之为奶香，后者我们称之为奶腥。但二者并不是泾渭分明，而是一种模糊的存在。

豆腥，主要也是源于氧化

豆浆的腥味跟牛奶的情况有点类似，不过牵涉的因素要少一些。

大豆中存在大量不饱和脂肪，本身就很容易氧化。大豆中还含有脂氧合酶，在完整的大豆中，它们和豆油井水不犯河水。但一旦大豆被磨碎，二者就不可避免地相遇了 —— 脂氧合酶把豆油中的不饱和脂肪氧化降解，产生了各种挥发性分子，也就产生了豆腥味。

大豆中的脂氧合酶含量跟基因关系密切。有的大豆中脂氧合酶比较少，就不那么容易产生豆腥味。在现代育种中，已经有育种科学家培育出了脂氧合酶缺失的大豆，制作出来的豆浆及其他豆制品，腥味就要淡得多。

同是"腥膻食物"，为什么有人喜欢有人不喜欢

不管是羊肉还是猪肉，或者豆制品、奶制品，用"膻"或者"腥"来形容都是简单粗暴的。对于一个现实中的具体产品，其实存在着从"不膻""不腥"到"很膻""很腥"的不同程度。而对于奶制品和豆制品，甚至是从"豆香""奶香"到"豆腥""奶腥"两极之间的不同风味。

人们对于风味的偏好是很主观的体验，同一种风味，有的人觉得是美味，有的人根本无法接受。这种现象不仅存在于对膻腥的体

验上，在任何的风味体验中都存在，所谓"汝之蜜糖，彼之砒霜"，就是这个道理。

这种现象的形成，主要是人们对于风味的偏好受后天的影响更大。在婴儿时期，人们对不同的风味有一定偏好，但并不强烈，而且很容易改变。在长大的过程中，对于风味的感知具有正反馈特征。也就是说，在小时候经常接触的风味，就会很好地接受并且视之为美味；而很少接触的风味，就容易受到生理本能的影响来反馈喜好。

比如一个北京人如果从小接触豆汁，就能很好地接受甚至喜爱，而一个从来没有接触过的人，就会基于它的酸、腥与臭而产生本能的抵触。类似的例子还有很多，比如西南地区的鱼腥草、傣族的撒撇、南京的活珠子、国外的鲱鱼罐头与霉奶酪等。相比之下，羊肉的膻、猪肉的腥，以及豆味和奶味，就要温和平淡得多了。

为什么黄蓉用白菜豆腐来留住洪七公

在《射雕英雄传》里，黄蓉想留下洪七公教郭靖武功，就告诉洪七公自己还有拿手的菜比如"炒白菜""蒸豆腐"没有做，作为著名美食家的洪七公果然上钩。金庸的评论是说"洪七公品味之精，世间稀有，深知真正的烹调高手，愈是在最平常的菜肴之中，愈能显出奇妙功夫"。这是从人们喜欢新奇东西的角度来说的，越是平常的东西，越是难以出新，所以黄蓉做出与众不同的白菜豆腐，对吃惯天下美食的洪七公也就具有无穷的吸引力。

其实，白菜豆腐难做，远不仅仅是因为人们司空见惯，难以出新。从直立猿发展到文明人，从捕捉猎物、收集野果发展到农业文明和美食文化，人类口味的偏好也越来越远离祖先。相对于从猿到人的历史，黄蓉和洪七公也足以算是"现代人"了，现代人除了少数口味特立独行的，多数人还是有相当共性的。比如说，喜欢甜的——这是成熟水果的特性，植物的常规部分只有甘蔗、甜菜等少数是甜的；喜欢香的——往往跟肉中的游离氨基酸与核苷酸有关，非动物食物中只有蘑菇等少数富含此类物质；喜欢口感好的——多数情况下，都需要油脂或者精制面粉的参与。

白菜不满足上述的任何一条。它所含有的碳水化合物主要是纤维，不仅不甜，纤维过多的老白菜帮子口感还很差。它也没有什么令人愉悦的香气或者味道，相反，跟其他植物一样，含有一些植酸、单宁、维生素这样的成分。纤维本身不能被消化吸收，而植酸和单宁会影响人体对其他营养成分的吸收，对于缺衣少食的人类祖先，这些东西都是不好的。不过，相对于许多植物，这些东西在白菜中的含量其实也算是少的了，那些含量高的，已经被我们的祖先踢出了食用范围而成了"野草"。单宁和维生素，典型的味道是涩，祖先挑选了白菜这样不那么涩的种类来作为食物，但是相对于令人愉悦的甜、香的东西，涩显然还是不招人喜欢的。

不过峰回路转，野百合真的也有春天。农业与生物技术的发展，使得人类的食物极大丰富，那些甜的糖、香的肉及口感好的精致米面与油脂，逐渐成了人类健康的敌人，所谓过犹不及，大抵如此。反倒是那些管饱不管营养的纤维，成了人们餐桌上的紧俏商品。而那些涩的维生素及其他植物化学成分，也都被发现原来对人类的健康至关重要。可是江山易改本性难移，历史养成的口味偏好，可能还得需要历史的长度来改变。在今天，能把这些传统上不好吃的食物做得好吃一些的，都能既赚吆喝又赚钱。如果黄蓉穿越到今天，大概可以很轻松地把丐帮改组成"素食连锁店"而成为极具号召力的品牌，大学毕业加入丐帮或许变成时尚而不是新闻。

豆腐在食品中是一个很有趣的例子。豆有豆味，中国、日本等东亚地区的人，吃的年头久了，把豆味叫作"豆香味"。而北美的人，习惯了牛奶的香味，对豆味就相当反感。所以，北美的豆奶，东亚人喝起来一点味道也没有，而生产商却需要把"豆味"当作一个质量指标尽量降低。

豆浆主要是由豆油和蛋白质组成的。豆油被分散成一个个小油滴，外面被蛋白质包裹起来，而豆浆中也还存在着大量无油可包的蛋白质。在凝固剂（石膏、卤水或者葡萄糖酸内酯等）的组织下，这些蛋白质分子互相连接，构成紧密的网状结构。豆腐本身除了

"豆味"，并没有什么令人愉悦的味道。要想改变，就需要让外来的调料分子打入豆腐网络的内部。但是这种紧密的网络结构中，油被蛋白质包裹起来，而这些蛋白质又成为紧密网络的一部分，根本动弹不得。而水分子，也被严密看管，活动的余地并不大。

豆腐中的水出不来，外面的调料分子也很难进去，这就导致了豆腐很难入味。黄蓉的蒸豆腐是把豆腐小球放在火腿之中蒸，让火腿中的香味分子慢慢渗透进去。通常的砂锅豆腐、鱼炖豆腐，也都是这种思路，通过较长时间的包围进攻，让一部分香味分子渗透成功。而麻婆豆腐的方式就简单一些：既然很难走进豆腐的心里，那就化身到芡粉中变黏，从而如影随形让它无法摆脱。

如果想从内部瓦解豆腐的防御，就需要采取猛烈的行动，比如把豆腐进行冷冻做成冻豆腐！在冷冻过程中，水会摆脱蛋白质网络的束缚而成冰，等到再化开的时候就无法回头，从而轻易地流出，然后在豆腐里留下许多空腔，整个豆腐也就成了内部千疮百孔的泡沫。这样的豆腐遇到水，就会如饥似渴地吸收或者内外交换。如果水中有调料，也就可以"乘虚而入"了。

闲话猕猴桃

千禧年前后，有个东北小伙儿去他的一个有钱的老乡家吃饭，回来后神秘兮兮地给同寝室的大学同学拿出一种水果，说是很高档，一块钱一个。在20多年前，一块钱一个的水果的确是相当贵了。然后同寝室的四川同学哑然失笑，说这玩意儿有什么高档的，下学期我给你们带一堆过来。下个学期他的确带了两盒子回学校，不过开学时间太早，还没有足够成熟，在四川，白露之后才是当令时节。过早采摘的果子通常都不好吃，不过大家还是兴致勃勃地吃了个精光。

那种水果长在比较远的山上，到了成熟季节，农民们会去采回来自己吃，也有人拿到集市上去卖。不过野生的东西，谁都可以采，也就卖不出价钱。那时候，走亲访友、看望病人，带上几斤苹果或香蕉，显得很大气；而土生土长的它，是断然拿不出手的。

这个东西在四川当地叫作"毛梨儿"，或者"毛葫芦"。长大之后才知道它的官方名字叫作"猕猴桃"，此外还有"奇异果"之类的名字。它的味道甜甜酸酸的，果肉颜色晶莹，口感丰富。按理说是具备优秀水果的特征，或许只是太容易得到，所以乡民们也就不把它当回事。

中国是猕猴桃的故乡，直到20世纪初，才有人把它引种到新西兰。经过当地人的努力，逐渐发展起来，并且另外起了一个"洋名"，算是融入了当地。到了"二战"期间，它受到了在新西兰的美国人的欢迎，从而得到了更广泛的种植。20世纪50年代，新西兰开始了出口业务。1959年，他们用新西兰的国鸟"kiwi"给它命名，然后这个名字风行世界。而它本来的名字，在国际上也就少有人知了。

新西兰人对它很重视，在种植、管理、保存等各个环节，都用现代农业技术进行了优化和改良。这使得"新西兰猕猴桃"成了优质猕猴桃的代表，就像葡萄酒之于法国一样。中国人应该感到羞愧的是，它也出口到中国，光是"新西兰奇异果"这名字就代表着"高端"和"洋气"的形象。这颇似儿时背井离乡，多年之后荣归故里：

而故里的小伙伴们，却依然在为温饱而忙碌着。

新西兰的成功在于统一经营和集约化管理，每年生产近40万吨猕猴桃，90%以上出口到世界各地。随着它在世界上建立起"优质水果"的形象，在中国的种植和消费也逐渐多了起来。近年来，中国的种植面积约占到世界的一半，但是散户经营、各自为战，小舢板最终拼不过有战斗力的大船。不仅新西兰，意大利、智利等国的"kiwi fruit"也在国际上风生水起，而"中国猕猴桃"的声音却小到可以被忽略。即使是在国内市场上，还是以漂洋过海来的进口产品为"高档"。

猕猴桃被称为"维生素C之王"，更有甚者，把它称为"水果之王"。一个中等大小的猕猴桃，提供的维生素C就超过了一个人一天的需要。此外，它的维生素K也很丰富。就绝对含量而言，其他的维生素和矿物质含量也就不算高了。不过考虑到它的主要成分是水，大约在83%左右，那么各种微量营养成分也还算比较可观。跟大多数水果相比，它的表现也的确优秀。不过，只考虑固体的话，它有大约一半是糖，要让整个水果有足够的甜度，就需要有足够的糖。所以，猕猴桃虽然是优秀的水果，但如果只比较"营养价值"

的话，它也未必比很多蔬菜更有优势。

跟菠萝和木瓜一样，猕猴桃中也有蛋白酶。如果用吉利丁粉做果冻，在其中加入了生的猕猴桃，很有可能就做不成——猕猴桃蛋白酶会把吉利丁的胶原蛋白水解开，从而使得它成不了胶状。如果做奶昔的话，把猕猴桃放在奶昔表面还问题不大，但如果是放在奶中打散，蛋白酶与牛奶蛋白充分接触，蛋白水解会产生一些苦味的多肽，味道就会受到影响。如果非要使用，可以把猕猴桃煮几分钟，让蛋白酶失去活性，它们也就无法捣乱了。

不过这种蛋白酶活性也很有用。比如说，市场上卖的嫩肉粉中有些加了亚硝酸盐，不放心的话就可以用鲜榨的猕猴桃汁来代替。把猕猴桃汁跟筋道的肉混在一起，就可以使肉变嫩。在烤肉、烤鸡或烤鸭的时候，可以把猕猴桃汁注射进去，烤出来的肉就会很鲜嫩，何况光是"猕猴桃烤肉"这个名字，就足以引起客人的兴趣了。

闲话鳝鱼

在20世纪七八十年代，稻田里有许多黄鳝，不过那时候吃的人并不多。闭塞的小地方，人们总是恪守着先辈的饮食传统：吃泥鳅，不吃黄鳝与青蛙。随着与外界交流的增加，"什么都可以吃"的信条被外来的人们带了进来，吃黄鳝也就逐渐流行起来，进而被人们称作"鳝鱼"。

春天，经过犁、耙的稻田很平整。插秧前后的那段时间，"照黄鳝"就比较容易。到晚上夜深人静，黄鳝们会跑到稻田的表面。不知道是它们对光不敏感，还是被突然而来的光晃晕了，反正光照之下，它们都基本上不动。黄鳝的身上实在太过滑溜，要徒手抓起来有相当的难度。乡民们削两片竹子做一个夹子，不仅一夹一个准，还可以够到更远的地方。一晚上下来，运气好的话也会有不少收获。

虽然卖不上什么好价钱，不过毕竟也不费什么力气，赚点零花钱还是不错的。

随着吃的人越来越多，它的价格也水涨船高起来，自然也就开始有人养殖。养殖的鳝鱼生活条件优越，自然长得肥大，也就催生了"避孕药催肥鳝鱼"的流言。有人说用避孕药防止它们排卵，从而增加生长速度。不过农学专家指出，黄鳝存在"同类抑制"的特性，当种群密度大到一定程度，就不会排卵。而人工养殖的密度大大超过出现"同类抑制"的密度，也就是说，人工养殖的黄鳝，本来就不会排卵，用避孕药去让它们"避孕"完全多此一举。黄鳝是颇为有趣的动物，幼年时都是雌性，后半生转变为雄性。雄性长得比雌性要快，所以也有人说用避孕药可以促进它们早点变为雄性，从而促进生长。"用避孕药促进鳝鱼早点变为雄性"这事儿在生物学上是否靠谱另说，反正相信的人很多，因为这个传说而不敢吃鳝鱼的人也有很多。据说当时真的有鳝鱼养殖户喂避孕药来催肥，结果一个月后鳝鱼就大批死亡。或许还有不懂科学、盲目相信都市传言的养殖户去尝试这种"秘籍"，但它毕竟会带来"偷鸡不成"的结果，所以市场上买到"避孕药鳝鱼"的可能性实在是小得很。

　　不仅是中国，亚洲有许多国家都吃鳝鱼。20世纪90年代，亚洲黄鳝大举进入美国食品市场。黄鳝是生命力极为顽强的鱼类，即使离开了水，它们也能存活一段时间，所以它们要漂洋过海，活着到达美国，还真不是困难的事情。秉承着"鱼要吃鲜"的传统，美国的亚洲超市里也就出现了许多活的黄鳝。

　　如果是作为食物，这也没啥问题。不过总有一些人，因为各种各样的原因，会从超市里买一些鱼来"放生"。不久以后，在美国佛罗里达州、佐治亚州和新泽西州的自然环境中，就逐渐发现了黄鳝的存在。作为一个外来物种，它们的生命力本来就强，再加上没有天敌，也就成了破坏生态的"入侵物种"。它们可以深深地钻到土里，通常控制鱼类的那些手段，比如药物或者电击，对付它们都收效有限。黄鳝的入侵还只有一二十年，现在已经引起了美国生态领域的担忧。一些放生爱好者会买一些外来的鱼类或者其他动物"放生行善"，如果其中有类似的"入侵物种"，那么就是"给了一些动物的生，却造成了大量其他动物的死"。黄鳝与鲤鱼在美国成为环境公害，就是活生生的例子。

　　黄鳝很容易携带一种叫作"棘颚口线虫"的寄生虫的幼虫。这种线虫的虫卵在水中孵化成一期幼虫，被剑水蚤吞食之后发育成二期幼虫。剑水蚤被黄鳝等鱼类吞食，这些幼虫就发育成三期幼虫。美国曾经做过一项调查，从超市购买的47个样品中，有13个被感染，比例接近30％。

如果被感染的鳝鱼或者其他鱼类没有被充分加热而吃掉，这些成熟的幼虫就会进入人体，导致"颚口线虫病"。它们在人体内游走不定，感染者就表现出游走性皮下肿块。一旦被感染，可能在几年之中都会间歇性复发。在某些情况下，幼虫能够迁移到深层组织，如果它们侵入到中枢神经系统，还可能产生致命后果。

在中国，鳝鱼一般都会经过深度烹饪才食用，所以因为吃鳝鱼而感染颚口线虫病的人不多。但是，鸡、鸭也会吃剑水蚤，野猪、猫、狗等动物可能吃被感染的黄鳝、青蛙或者其他鱼类，然后也被感染。在这些动物的体内，三期幼虫会发育成成虫，然后产卵，随着动物粪便排到环境中。如果人生吃这些感染动物的肉，也可能因此被感染，从而患上颚口线虫病。